REFUSE TO DELAY

拒绝拖延

丁洁纯　著

吉林文史出版社
JILINWENSHICHUBANSHE

图书在版编目（CIP）数据

拒绝拖延 / 丁洁纯著 . -- 长春：吉林文史出版社，2019.7

ISBN 978-7-5472-6274-0

Ⅰ . ①拒… Ⅱ . ①丁… Ⅲ . ①成功心理－通俗读物 Ⅳ . ① B848.4-49

中国版本图书馆 CIP 数据核字（2019）第 116540 号

JUJUE TUOYAN

书　　名　拒绝拖延

著　　者　丁洁纯
责任编辑　高冰若
封面设计　末末美书
出版发行　吉林文史出版社
地　　址　长春市福祉大路 5788 号　　邮编：130118
网　　址　www.jlws.com.cn
印　　刷　北京德富泰印务有限公司
开　　本　880mm × 1230mm　1/32
印　　张　6
字　　数　130 千
版　　次　2019 年 7 月第 1 版　2019 年 7 月第 1 次印刷
书　　号　ISBN 978-7-5472-6274-0
定　　价　35.00 元

PREFACE

前 言

当今社会是一个科技时代，智能手机、智能家居、智能电器等高新设备的普及，让我们的生活变得越来越便捷，但也容易让我们染上拖延的坏毛病。比如：下班到家后先刷剧，到睡前才想起衣服没洗，于是直接将衣服一股脑儿地扔进智能洗衣机里。第二天因为赖床，匆匆忙忙地赶去上班，早就忘了昨晚放洗衣机里洗的衣服还没有晾，等到找换洗衣服时，才突然想起衣服还在洗衣机里，又得重洗一遍。

晚上不舍得睡，白天起不来；总是赶着点儿上班，踩着点儿下班；今天能做完的工作，非得留到第二天；时间不急的项目，总要拖到最后期限才慌忙着手……这些都是很多职场人共有的通病，而这些都是拖延的各种表现。

那么，究竟什么是拖延呢？简单来说，就是将当下的事情拖到以后再做的行为。举个简单的例子：今天的工作没做完，但是想着反正有的是时间，先放放，明天再做，这就是拖延。事实上，拖延是人本身隐藏的一种强悍的“本能”，可以用“趋利避害”来解读，只不过避的是眼前的“害”，趋的是眼前的“利”，损害的却是我们的明天，甚至是我们的整个人生。拖延可分为不同的类型，包括行为型拖延、迟到型拖延、反抗型拖延、穷忙型拖延、改变型拖延、承诺型拖延、学习型拖延、保健型拖延、消极逃避型拖延和回避责任型拖延。

拖延就像一个“大毒瘤”，会破坏我们原有的好习惯，会给我们的生活、工作带来巨大的负面影响。拖延会让人对自我产生怀疑，丧失自信；会让人变得消极堕落，毫无生机活力；会使人情绪低落，心理扭曲；会让人的工作、生活、情绪变得一团糟……我们总是在不知不觉中就患上了拖延症，陷入拖延的怪圈，一方面颓废、嫌麻烦，总是觉得很累，对任何事都没有兴趣，做事拖拖拉拉，自卑胆怯；另一方面又自责、悔恨、愧疚、烦躁、自负。一些职场人就是因为拖延，才让自己变成了一个既不想活，也不想死的“职场橡皮人”。

产生拖延的最根本原因其实在于人的内心，有时候我们因为恐惧、害怕，将要做的事情一拖再拖，一方面害怕失败，另一方面恐惧成功，一时间无法接受当下的自己；有时候我们自以为拖延是保护伞，总是将自己关在舒适区里，不肯迈出下一步，也不让别人闯进我们的世界，以为这样就不会受到伤害；有时候我们过于依赖他人，若是他人正好没有时间，那自己的事也就会相应地往后拖……

俗话说，解铃还须系铃人。既然拖延源于自己的内心，那么要拒绝拖延，就得先从拒绝舒适开始。第一要拒绝惰性，第二要增强自控能力，第三要拒绝完美主义，第四要制订高效可行的计划，第五要做时间的主人。

第一，拒绝惰性，每个人或多或少都有一些惰性，而惰性常常是滋生拖延的罪魁祸首。要想拒绝拖延，就必须从克服懒惰开始。一般克服惰性的方法有：给自己设定期望目标、让自己忙起来、逼自己走出舒适区、边做边思考、远离懒散的小伙伴、做最紧迫的事。

第二，增强自控能力，而意志力消沉、注意力不集中、情绪不稳定、钻牛角尖儿等都是自控力弱的表现。想要拒绝拖延，我们就必须打造强大的意志力，懂得变通，掌控自己的情绪，培养积极的自我意识。

第三，拒绝完美主义，任何人都是不完美的，任何事也都不可能做到完美。我们不要被完美信念拉入拖延的深渊，而要学会接受自身的不完美，不因追求完美而胆怯。要知道，尽心尽力地完成工作要比空想完美、独自焦虑来得实在。

第四，制订高效可行的计划，我们制订的计划不需要追求漂亮、完美，那样的计划就像花瓶，中看不中用。我们要制订的是高效可行的计划，而后按计划行动，不论在任何情况下，我们都要按照计划做到今日事今日毕。

第五，做时间的主人，一些人患上“拖延症”是因为没有时间观念，认为时间还很充裕，不承想竟这样掉进了拖延的陷阱。我们要学会合理安排自己的时间，高效管理每一分一秒，制订具体可行的计划，珍惜每一分一秒。

本书以八个章为大结构，章下分若干小节，各个小节采取分点叙述的方式，逐步递进，层次分明。具体到小节内容，本书辅以大量真实案例，帮助读者理解和融会贯通。全书条理清晰、结构严谨、通俗易懂。相信通过阅读本书，每位读者都可以更好地认识自己的拖延，然后采取合理的措施拒绝拖延，重新唤醒内心沉睡的热情，找到工作、生活以及人生的意义！

CONTENTS

目　录

REFUSE TO DELAY

第一章

拖延症，一张吞噬时间的大口

不要认为我们的时间很多，在日常生活中，拖延的习惯如影随形地跟随着我们每一个人，它无时无刻不在偷偷吞噬着我们宝贵的时间。等你正视它的时候，它就会消失不见。但是，它很快又会卷土重来，将我们重新拖进拖延的泥潭之中。

拖延是一种强悍的人体“本能”

人们常说这样一句话：“拖延等于死亡。”这不是耸人听闻，拖延会将人的心智慢慢消磨掉，将人的健康慢慢吞噬掉，使人度日如年，直至悔恨终身，这听上去比死亡更让人害怕。现代人的通病之一就是拖延症，“先放会儿，待会儿再行动”是拖延者的普遍思维模式，它时时刻刻都在困扰着人们的心。

拖延是指在开始一项活动的时候实施有目的的推迟，从而导致目标任务到了最后期限而无法完成，更有甚者在最后期限才刚刚启动目标任务。

拖延症是一种强悍的“本能”

拖延的解释虽然简单，但内涵非常复杂。从心理学上讲，拖延是一种强悍到极点的人体“本能”。科学家和心理学家对它产生的根源进行了长期研究，最后发现，大脑前额叶皮层的功能影响着拖延行为的产生。这个大脑区域主掌大脑的执行功能，例如注意力和对冲动、计划的控制能力，还能将其他脑区分散注意力的刺激过滤掉，从而降低影响。如果大脑前额叶皮层遭受到损伤或者活动性减弱，就会降低过滤多而乱的刺激的能力，进一步降低处理任务的组织能力。

上面这个科学研究发现揭示了这样一个事实：拖延是人类的一种本能行为。拖延症显而易见的特点是：它非常容易产生，想要根除却非常困难。

几种拖延行为产生的情况

拖延行为解释起来很简单，通俗地说就是将事情一拖再拖，拖到不能再拖了才去做，甚至拖到了最后期限以后还是继续想办法拖延。但是，你有没有想过这个问题：拖延行为究竟是怎样产生的？现在，就让我们来看看下面几种拖延行为产生的情况：

第一，太忙了。因为“过于忙碌”，所以一直拖着不去完成。如果情况是这样的，那么拖延的原因是否是大量要做的事情直接降低了大脑前额叶皮层的活动性和敏感性，进一步降低了人处理事情的能力呢？结论是完全有可能的。

第二，强烈的对抗意识。有的人不喜欢别人催着做事，别人越是催，其内心的反抗意识就越强烈，然后不自觉地做出反应：你越催我，我越不做。从而导致拖延行为的产生。

第三，消极的评估。虽然每次的任务都完成了，但总感觉不尽如人意，时间长了，就失去了自信心，对自己的评估也越来越差。这样一来，下次做事的时候就容易抱着消极的态度，就有了拖延行为。

第四，对抗压力的方法。由于一直以来承受着巨大的压力，为了减压，所以索性不做。这种行为与其说是拖延症，倒不如说是一种对抗压力的消极行为。

第五，操纵别人的快感。别人焦灼万分地催促着他，他却拖延着不做，一种操纵他人的快感油然而生。一些人非常享受这种感觉，拖延行为自然就产生了。

第六，破罐子破摔。同样一件事情，他人会做，自己不会，于是责怪自己无能，觉得自己比不过别人，不管怎么努力都起不到任何作用，还不如破罐子破摔，让自己舒服点儿，拖延行为自然而然地就产生了。

上述六条是诱导拖延产生的因素，这些诱导因素都是由内到外自发产生的，与人的“本能”相互作用。既然和人的本能产生了关联，那么想要改变自然是非常困难的。

一位新媒体从业人员王晓抱怨说：“每次打开电脑准备工作的时候，第一件事不是打开 word 文档，而是先去豆瓣看帖子、发微博、逛淘宝，时不时还要掏出手机刷抖音。最后实在是来不及了，才匆匆开始硬着头皮工作，常常因为自己拖沓而熬夜工作，每次都焦虑不已，却总是控制不住自己。”

相信王晓说出了很多人的心声。在职场中，像王晓一样被拖延症困扰的人不在少数，这类人最容易养成懒散、拖延的习惯，然后慢慢地在拖延症的怪圈中迷失自我。

拖延不是病，但依旧很严重

心理学家普遍认为，拖延症虽然算不上真正意义上的疾病，但确实是一种普遍存在的不健康的心理和行为。拖延症患者对现状充满了焦虑和不安，对未来充满了担心和恐惧。他们害怕失败，同时也恐惧成功；他们在竞争的世界里感到无助和彷徨，面对爱与梦想时无所适从；他们做事力求尽善尽美，却一次又一次地在拖延的怪圈中草草收场。

虽然我不能说自己是一个意志力薄弱的人，但每次当我决定减肥而打开跑步机准备锻炼时，我都会觉得我应该先陶冶一下情操，弹一会儿琴。打开琴，我又觉得光弹琴没有什么价值，还是看一下名家演奏吧。于是我将电脑打开，在电脑上看了一些杂七杂八的东西后，才想起我刚才想干什么来着。但这时我的大脑已经昏昏沉沉的了，于是我将电脑关上，来到厨房，给自己做了点儿吃的。吃完后，人很困了，我觉得自己应该先午休，然后睡了一觉。醒来后，我再次重复了上午的事情。

这是一位深陷拖延症沼泽的人的自我描述。从她的描述中我们不难看出，她已经完全被拖延的习惯困住了，这种习惯像影子一样伴随着她。事实上，不仅普通人会因受到拖延症的影响而痛苦不堪，甚至很多名人对此也有深刻的体会。著名的画家达·芬奇就深受拖延症之害，他未完成的画稿多达自己作品总数的2/3；大作家雨果为了摆脱拖延症，强行命令自己不穿衣服写作，这样自己就无法外出了，免受外界的干扰，从而保证工作的顺利完成。

拖延就是如此强悍，它产生得非常容易，想要清除却非常困难，并且随时都会降临到你的身上，很长时间都不愿意离去。很少有人能够抵抗住它的侵袭，只有那些行动力和精神力都很强的人，才能“幸免于拖”。

拖延并不是一种无所谓的耽搁

大到生命健康，小到美好的愿望，都是在我们的行动中达成的。好的计划只有像敲钉子一样落实，才能有所收获。人生的理想和事业，只有架构在行动之上，才会变得有意义。但是拖延的介入，让我们总是把这些必须要做的事情一拖再拖，直到最后一无所获。

现在，不少人都深陷拖延症的泥沼当中无法自拔。比如，现在该打的电话，一定要拖到一两个小时之后才打；今天该完成的报表，却一定要拖到明天；这个月应该完成的进度，却拖到了下个月……

拖延就是凡事都留到明天，即一种明日复明日的工作态度。

拖延行为阻碍着事业的成功

事业有成的人都有一个共同点，那就是绝不拖延，在对的时间做对的事情。认真的人都能克服自身的懒惰心理，因为他们明白今天的事情一定要今天完成，绝对不会把今天该完成的事情拖到明天。认真的人总是秉承"一有事就解决"的工作态度，他们用自己的行动完美地诠释了"认真"二字：立即行动。

在两军对垒的战场上，形势万分危急，一触即发。你能在这个时候拖延吗？这个时候你应当与时间赛跑，你拖延一个小时，就很可能导致数百万战士丧生，使我方处于不利位置，其损失不可估量。

拖延同样阻碍着人们事业的成功，是一种非常危险的陋习，它会让人失去进取之心。习惯拖延的人，一遇到事情就开始拖延，周而复始，从而这个习惯变得根深蒂固。我们经常会因为拖延而后悔，但下一次我们还是会继续拖延。三番五次地下去，我们会将其看成是一件很平常的事情，以致轻视了它的影响和危害。

在工作中，我们只有不断克服自己的懒惰心理，抛弃自我挫败的思维模式，才能战胜自我，取得成功。对我们多数人来说，人性中的最大弱点就是懒惰。所谓的懒惰，就是一种不愿意或者无法按照自己的意愿而进行活动的一种精神状态，而对生活当中的一些消极情绪所做出的反应。在工作当中，懒惰有多种多样的表现形式，包括轻微的瞻前顾后和极端懒散。

拖延行为让大好机会白白溜走

拖延是很多人都有的毛病，有的人总觉得"我等一会儿就做，不会有什么影响"。他们不知道的是，有时候拖延那么一会儿，就会让很多机会白白流失。所以，拖延绝对不是一种无所谓的耽搁。因为短暂的拖延，一个公司很可能损失惨重，这绝对不是耸人听闻。

某年，埃克森公司下属的一艘巨型轮船在阿拉斯加撞上了暗礁，大量原油泄漏到了海洋之中，给生态环境带来了严重的污染。但埃克森公司并没有在最短的时间内做出回应，从而引发了一场“扳倒埃克森运动”，连当时的布什总统都被惊动了。最终，埃克森公司的损失高达几亿美元，公司形象一路下滑。

对我们来说，在关键的时候当机立断，然后立马采取行动，是非常有必要的。有些人经常说：“哎，这件事情太难处理了，还有很多其他事情要处理，还是先处理其他事情吧，回头再做这个。”这样说的人，总是眼巴巴地希望着随着时间的推移，难题能自动得到解决或者有人替你解决，这就是典型的自己欺骗自己。无论他们如何逃避责任，该做的事情最终还得自己来做。而拖延是一种折磨，让人感觉到特别累。随着最后期限的到来，人的压力会越来越大，更会导致人筋疲力尽。

对待拖延，千万不能“无所谓”

在考场上，面对难度非常大的试卷，你可以拖延吗？时间就是分数，你如果拖延，就很可能无法按时完成答题。随着交卷时间的临近，你慌慌张张地来不及答题，思维混乱，肯定无法发挥自己的正常水平。于是，你落榜了。

在职场中，面对一个个极具挑战的项目，你能拖延吗？时间就是升职的机遇，你的一点点拖延都可能导致整个公司的工作计划被耽误，使公司的最佳竞争时机白白丧失，而你也失去了成功的机遇。

在商场中，买卖双方在谈一项大生意，涉及的金额达上千万元。你能在这个时候拖延吗？时间就是金钱，如果你稍有拖延，对方就很可能会不信任你，你赚钱的机会就会在你的犹豫之间溜走了。

因此，我们要摒弃“拖延无所谓”的想法。

被拖延困住的人一般都意志力薄弱，他们大多时候不敢面对现实。当困难来临时，他们往往会选择逃避；他们还害怕吃苦，总是希望不劳而获；或者是给自己立的目标太多，根本不知道从哪里下手，缺乏做事的条理性和计划性；或者他们根本就没有目标。另外，也有一些人不相信自己，害怕失败，所以总是认为时机还不成熟，从而导致了拖延。

拖延有多种多样的表现形式，其轻重程度也各不相同。例如，被琐事缠身，在工作的时候没有办法集中精神。只有上司逼着他的时候他才会往前走，从不主动；反反复复地修改计划，有完美主义情结，无休止地用“完善”来拖延应该实施的其他行动；虽然下定决心要立马行动起来，但迟迟找不到行动的方法；情绪消沉，对所有工作都提不起兴致，对人生也没有追求……

你只需考验事物的重要性，至于听来的话就别考虑了。

——萧伯纳

是的，我们在认真的同时，要摒弃拖延的陋习，更不要听身边人的闲言碎语，那将对我们产生十分消极的影响。

“不管想要做什么事情，我们要马上动手，而不要拖延！”这是企业和个人成功的法宝。所以我们要经常秉着“今天的事情我一定要今天完成，一点儿都不能懈怠”的想法才行。毫不拖延，对个人、对企业、对社会都是有益的，现代人应该把绝不拖延当成自己的做事风格，这也是成功的基础。不管什么事情，当你感觉到拖延的恶习在慢慢靠近你时，或者当你被拖延的恶习困住时，你都需要用之前那句话来警醒自己。

大多数“剩男剩女”都是拖延的结果

面对自己的幸福，你是选择勇敢追求呢，还是一拖再拖呢？有些人即使被伤得体无完肤，也依然坚持着追求属于自己的幸福。而很多人，在犹豫不决中让幸福从身边溜走，让自己成为人们口中的“剩男剩女”。

提到拖延，很多人会马上想到当今社会上很多的“剩男剩女”们。网上有人按照年龄段对“剩男剩女”进行分类：24 岁到 27 岁的“剩男剩女”属于初级的，他们刚刚迈上这条道路，还有信心努力寻找另一半，被称为“剩斗士”；28 岁到 31 岁的属于中级，被称为“必胜客”；32 岁到 36 岁的属于高级，被称为“斗战剩佛”；36 岁以上的，则被称为“齐天大剩”。

拖延，是被“剩下”的元凶

对“剩男剩女”的划分是否有科学依据我们暂且不论，但是如今“剩男剩女”越来越多已经是不争的事实，而随着年龄的增长，他们找到另一半的可能性也就会越来越小。

我的一个小姨，一直着急闺女的婚事。我的这个妹妹在她毕业后就一直在外地上班，平时很少回家，所以我们也不是很了解她的生活情况，但是她的年龄已经不小了。因此，每次她一回老家，周围的邻居都会问我的小姨她的闺女找着另一半了没有。“你说，如果人长得难看，找不到对象还情有可原。关键这闺女长得漂漂亮亮的，还没找到男朋友。”每次听到别人的议论，小姨就非常着急和伤心。

但是，每当小姨和她闺女谈起这件事情时，妹妹总是找各种借口，一时说“还没有合适的”，一时说“不着急，以后再说”，这让小姨颇为头疼。“这‘以后’究竟到什么时候啊！”小姨自言自语道。每次和姐妹们打牌，小姨总是嘱咐她们，如果有合适的，就帮自己的闺女介绍一下。结果妹妹知道了这件事情，坚决反对：“去相亲的都是剩下的，结婚是我自己的事情，你就不要着急了。”妹妹的振振有词让小姨一句话都说不出来。

就这样拖着，我妹妹就拖到了 31 岁。现在街坊邻居也不主动帮忙介绍对象了，“年纪都这么大了，还没结婚，肯定是有问题，不然早结婚了”，有人这么想着。

像我妹妹这种情况的女性，生活中有很多。我们经常说幸福需要自己去追求，有些人虽有追求幸福的机会，但就是一拖再拖，导致幸福就这样与他们擦肩而过。

赵城是一个自尊心非常强的人，他有一个和自己相处了八年的女朋友，两个人感情非常好。但是，最近两个人总是为了结婚的事情而吵架。其实，两个人都见过对方的家长了，双方的家长也都喜欢他们的另一半，但赵城有着自己的想法。

原来，女方自己有一套房子，但赵城没有，他觉得自己不能占女方的便宜，所以想等他买了属于自己的房子以后再结婚。但赵城只是一般的工薪阶层，买房子根本就是一件遥遥无期的事情。现在，两个人都三十好几了，如果等他买到了房子再结婚，不知道要等到什么时候了。赵城就这么一直拖着，最后女方觉得自己年纪大了，等不起了，就放弃了这段爱情长跑。

赵城的确非常有斗志，但是结婚过日子仅仅依靠斗志是不行的。所谓的幸福，就是有一个温馨的小家，过着开心而知足的日子。如果我们也像赵城这样因为各种理由而拖延自己的幸福，那么很可能到最后幸福就离我们而去了。

自由不是拖延幸福的“挡箭牌”

还有一些非常渴望自由的人，他们也会成为“剩男剩女”。这样的人觉得自己能够养活自己，不想有所牵绊，觉得自己一个人生活比较幸福，他们排斥和他人共享同一空间。尽管家人总是在他们耳边念叨“赶紧给自己找个对象吧”，但他们还是选择一个人生活。这些人有很多就是人们口中的“钻石王老五”，他们事业成功，渴望自由，不想被束缚。事实上，这就是一种典型的拖延幸福的行为。

诚然，我们有选择自己喜欢的生活方式的权利，但是任何人都不可能脱离别人独自生活。人之所以需要另一半，除了一些伴侣需要在物质上与固定的伴侣相互扶持以外，更重要的是在精神上相互依赖，形成稳定的情感连接。因此，“另一半”这个角色是其他角色无法替代的，这是由人的社会性所决定的。但是，一些人以“自由”为借口，只想享受当前的快乐，不愿付出时间和精力去经营未来的幸福，因此一拖再拖，让自己的幸福之路越走越窄。

拖到最后，输的只有自己

当然，也有一些“剩男剩女”，他们被“剩下”的原因不是因为所谓的自由，而是一种更为普遍和直接的拖延行为，主要有以下几种情况：

也许在刚开始的时候，我们遇到的人都不合适，所以慢慢地不再期待爱情，对婚姻也不再向往；又或者是一直走在相亲的路上，对目前所见的相亲对象都不太满意，总认为下一个相亲对象也许会更好，因此一拖再拖，直到自己的年纪越来越大；也许是自己的要求太高，一直处于“高不成低不就”的状态，在事业上有所成就，就看不上一般人，即使看上了对方，稍微有点儿不好，也觉得自己非常委屈，而比自己优秀的人又看不上自己……

综上所述，“剩男剩女”一般都是拖出来的，而拖到实在不能再拖下去的时候，“剩男剩女”们通常只能有两个选择：一个是继续拖下去，最后孑然一身，孤独终老；另一个是随便找一个人凑合，拿自己一生的幸福去做赌注。无论选择哪个，最后的输家都是自己。

小麻烦拖一拖，就会变成大麻烦

古人云“祸患常积于忽微”，不要让怕麻烦的思想蚕食了你的一生。拖延给人们的人生带来了很多不如意，我们会在拖延之间失去机会，在磨蹭之间耽误大事……换句话说，每次拖延，都可能把小麻烦变成一个大麻烦，和自己逃避麻烦的初衷背道而驰。从这个意义上来说，拖延其实就是在自己给自己找麻烦。

没有人喜欢麻烦，但是不管我们是面对还是逃避，生活和工作中还是会有各种大大小小的麻烦。一些人面对大麻烦时，知道事情的严重性，因此不会拖延。但是当面对一些可处理、可不处理的小麻烦时，就会松懈下来，一拖再拖。

小麻烦不能拖，因为它会“长大”

我们需要知道的是，无论我们怎么拖延，麻烦都在那里，不会自己离开。但是在生活中，有些人遇到麻烦就喜欢拖拉，觉得反正也无关紧要。但是到了最后，小麻烦就会变成棘手的大麻烦，花费掉我们更多的时间和精力。因此，你的生活之所以一团糟，一般都是因为你的拖延。

杨婷是一个白领，平时很少做饭，家里储备了不少零食，以备不时之需。这天是周六，她在家收拾整理橱柜的时候，发现以前买的零食都变质了，于是想收拾一下拿出去扔了，结果当天的事情太多，她就给忙忘了。次日她想起了这件事，但是又懒得动，就想一会儿下楼遛弯儿的时候再扔。但是吃完晚饭后，她看起了自己想看的电视剧，一看就看到了近十点，就没有下楼。等到要睡觉的时候，她才想起忘了扔坏掉的食物，但此时的她已经不想下去了。

就这样，那些变质的食物又在橱柜里放到了下一个周末，此时的橱柜已经杂乱不堪、臭气熏天了，各种小虫子爬来爬去。最后，杨婷不得不忍着想吐的冲动，花了大半天的时间去打扫橱柜。

扔垃圾就是随手的事情，可杨婷每次都是“下次再说吧”的态度，下次复下次，垃圾就成灾了。我们平时做事情也是同样的道理，不管什么事情，想到了就要立马去做，否则事情拖久了，小麻烦就成了大麻烦。

刘刚有一辆自行车，骑的时间长了，车胎就没气了。刘刚家里没有充气装备，专门找地方充气他又觉得太麻烦，所以就一直将就着骑。这天，刘刚去给一个朋友送东西，只有 3 公里的路程，他却花了整整一个小时。因为车胎没气，自行车慢得像一只蜗牛，一个小坡都爬不上去。本来打气最多需要 30 分钟，可是刘刚非要拖延。这就是怕小麻烦，最后耽误成了大麻烦的典型事例。

还有一次，刘刚和朋友约好一起吃饭，因为他在家磨蹭，出门的时候就有点儿晚了。在等待红灯的时候，他因为着急，绿灯还没有亮就冲了出去，却没有看到前面的交警，被逮了一个正着儿。警察先是批评教育了刘刚 5 分钟，然后用 5 分钟登记刘刚的身份信息，最后刘刚还要交罚款。可是刘刚出门走得急没有带现金，只好一个接一个地问路过的人们用微信转账换取现金，这样就又耽误了 30 分钟。

仔细想想，生活中这些因为拖延而没有解决的小问题，最后被耽误成了大麻烦的例子不胜枚举。例如，写稿件害怕麻烦，所以不先列提纲而直接下手。这样有两种结果，要么写不出来，要么就是写得太多，或者写出来的东西逻辑混乱，这样我们就不得不花费大量的时间进行修改。

拖延与否，和我们的健康息息相关

还有一种将小麻烦一拖再拖的情况，则直接关系到我们的身体健康，甚至可能危及生命。在生活中，身体上有些小疼小痛是很常见的事情，很多人都会因为嫌去医院检查太麻烦而听之任之，就算有人催促他们去医院，他们也会以各种理由一拖再拖。其实，小疼小痛都是身体出现异常的信号，有时候身体会自行调节，消灭掉这些异常；但也有的时候，身体对此无能为力，如果一直拖下去，情况就会恶化。

王梅最近经常感觉到胸口有点儿疼，但忍过那阵子也就没事了，所以她并没有把这件事放在心上。丈夫建议她去医院做个检查，这样即使没什么问题，心理也踏实些。王梅却反驳道："最近我比较忙，没有时间去医院，再说我平时也没什么事情，忍过一段时间就好了。"

一个月后，王梅胸口的疼痛越来越厉害了，最后实在难以忍受，才去了医院，检查结果是胸腔积水，这个时候他才知道小毛病被拖成了大问题。医生告诉他，如果早点儿来医院，可能吃点儿药、打点儿点滴就没事了。可是因为她一拖再拖，现在病情已经十分严重了，需要住院进行手术治疗。而如果再拖下去，她可能就性命难保了。

刚开始觉得是一个小毛病，觉得拖几天就会痊愈。等拖到自己难以忍受的时候，就会后悔没有早点儿去医院。也许你这一次没什么事情，但不可能每次都能那么幸运。拖延成习惯后，总有倒霉的时候。

一拖再拖，后果可能不堪设想

拖延与否不仅关乎我们的生命健康，有时候也关系到他人的生命安全。这个社会每天都在紧张地运转，之所以能够有条不紊，是因为不同职业的人都坚守在自己的岗位上，在应该的时间做应该的事。特别是一些重要岗位，如果其任职者是一个拖延症患者，就有可能带来严重的后果，比如警察、政府职员，还比如列车刹车员。

戴维在美国某个火车站担任火车后厢刹车员，他的反应非常灵敏，对谁都笑眯眯的，乘客和同事们都特别喜欢他。但是他有一个毛病，就是讨厌加班，习惯用拖延来打发无聊的加班时间。

一天晚上，一场暴风雨突然而至，火车因此晚点了，这就意味着戴维需要加班了。和往常一样，他开始不停地抱怨："这个糟糕的天气真让人受不了，家里还有很多事情等着处理呢。"他一边抱怨着，一边想着如何才能够不加班。

但是祸不单行，因为这场意外的暴雨，一辆火车无奈之下改变了原来的路线，几分钟后占住了戴维所在火车站的火车道。列车长接到通知后，立马给戴维传达指令，让他拿着红灯去后车厢。经验丰富的戴维知道事态的严重性，但他一想到有一名工程师和刹车员在后车厢，就放松了警惕。

戴维面带微笑地对列车长说："兄弟，不用那么担心，后面有人替我把守着，我去拿件外套。"列车长非常严肃地告诉他："事关重大，一分钟都不能耽搁，那列火车马上就要进站了。"戴维看到列车长的脸上写满了严肃，于是严肃地回答："我明白了。"列车长听到准确的答复后，就马上急匆匆地冲向了发动机房。

可是，戴维已经习惯在加班期间拖延，这一次他还是一如往常。他心想：有人在后车厢呢，肯定不会发生什么事情的，事情并没有火车长说的那么严重。戴维感觉到有些冷，于是先喝了几口酒，然后才慢腾腾地走向后车厢。这时，他突然想起后车厢其实已经没人了，因为列车长在戴维答应后就把那两人调到了前车厢。戴维立刻慌了，他冲向了后车厢，但一切都来不及了。那列火车瞬间撞上了前面那辆列车，紧接着是震天的响声和乘客们的尖叫声。

习惯性地拖延有时候会带来难以预计的严重后果，看上去是毫不起眼的拖延症，与那些严重的问题相距遥远。但事实上，每一个细节都至关重要。

心理学上说："习惯会变成无意识的大脑运作过程。"如果拖延的时间长了，大脑就会保持这种状态，渐渐地习惯成自然。即使在面对需要及时解决的问题时，我们也会一直拖延下去。就像滚雪球一样，让小麻烦越滚越大，最后变成大麻烦。

拖延的六种行为“效应”你知道吗

有一句格言说得好：“拖延无异于死亡。”拖延是一种恶习，具有破坏性和危险性，它会使人丧失进取心，失去前进的动力。一旦遇事开始拖拉，就很容易陷入拖延的怪圈中。那么，你知道拖延的行为“效应”都有哪些吗？

拖延的效应有六种，分别是：超限效应、等待效应、杜利奥效应、鸵鸟效应、视网膜效应和最后通牒效应。

超限效应：凡事不能过度

超限效应，是指刺激太多、太强烈或者持续的时间太长，从而引起了逆反的心理现象。也许大家对“超限效应”这个名字非常陌生，理解起来也比较困难。但是在生活中，这种效应产生的现象是非常普遍的。比如，大家都非常厌恶那种轮番“轰炸”的广告，非常讨厌家人的絮絮叨叨，抵触领导的一再警示，甚至想反抗……

实际上，超限效应体现了一个“度”的问题。即凡事不能太过，一旦超过了这个“度”，事情就会朝着相反的方向发展。例如，在工作中，自己一直兢兢业业地工作着、忙碌着，一点儿空闲的时间都没有，却拖延了大量的工作，计划没有完成，目标没有达到。从工作效率来说，“超限效应”会让所有的努力变得“吃力不讨好”。如果不摆脱这种模式，就会出现越忙越没有成果的情况。

超限效应会导致人出现逆反心理，最后导致拖延的产生。想要避免“超限效应”的产生，就需要把付出控制在一定的范围内，不要超过了这个度。

等待效应和杜利奥效应

等待效应，是指因为等待某件事情而产生焦灼心理的现象。等待效应非常普遍，等待下班、等待放假、等待吃饭……在等待的过程中，人很容易变得焦灼不安，进而导致行动缓慢、思维懒惰。例如，你去银行办事情，焦灼万分地等待排号，在这段时间里，大部分人都不知道应该做些什么，或者根本无法平静下来做一些事情。为何呢？因为害怕自己一不小心就没听到叫号，他们在等待中焦灼不安，时间也在这种难熬中流逝。在这种情况下，拖延很自然就产生了。

杜利奥效应是美国作家、自然科学家杜利奥发现的。在他眼中，人与人在心态上的差异很小，但就是这细微的差别导致了结果的迥然不同，他从中总结出了“杜利奥效应”。

杜利奥效应是指一个人如果没有好的精神状态，那么他干什么事情都会不在状态。这就启示了我们，不管我们干什么工作，不管我们做什么事情，都要保持积极热情的心态，这样我们才能在工作中有充足的动力，从而有效避免拖延的发生。很多人有过这样的经历：当情绪处于愉悦或饱满的状态时，会感觉自己做起事情来特别顺畅、得心应手。而当情绪低落或者沮丧失望时，即使是应对很简单的事情，也会力不从心、一再逃避。

鸵鸟效应和视网膜效应

鸵鸟效应的名字源于鸵鸟特别的逃避行为。鸵鸟在遇到危险的时候，会把自己的脑袋埋进沙子里面，它认为这样危险就会离他而去。

鸵鸟效应是指当问题出现后，不敢面对现实，从而选择逃避的心态和行为。他们不知道的是，在绝大多数时候，越是不敢面对，麻烦越会接踵而至。最后导致了拖延的产生，失败也会“如约而至”。例如，“这个任务实在太难了，我怕我完成不了，还是让别人来完成吧”“一看就非常复杂，要求还那么高，我真的担心完成不了这个任务”，诸如此类的内心活动都是这种效应产生的现象。

视网膜效应是指当我们拥有某项特质的时候，就会把更多的注意力放在他人是否和我们一样拥有这种特质上面，并且将那些和我们有着相同特质的人吸引过来，进而成为朋友，建立起属于自己的小圈子。

直白来说，“视网膜效应”体现为“物以类聚，人以群分”。如果你的人生态度消极，做事喜欢拖延，你就会注意到那些和你一样喜欢拖拉的人，并且还会无意识地吸引那些人。时间长了，你身上的这种特质还会不断增强。反之也是这样的。

最后通牒效应：单纯地拖延

最后通牒效应指的是明明可以提前将任务完成，却偏偏要等待到截止日期的到来，才去竭尽全力地完成。从心理学上讲，这种就是单纯的拖延问题了。

在日常生活中，最后通牒效应非常普遍。例如，很多人在还没有开始工作的时候就觉得这项任务的难度非常大，从而产生畏惧心理。因为畏惧困难，所以迟迟不开展工作。哪怕开始工作了，也一直是小心翼翼、一拖再拖，直到不能再拖了，才不得已敷衍了事。

在职场中拖延无异于慢性自杀

你若苦心经营时间，把握好每分每秒，时间便会回赠你，让你拥有美好的人生。你如果随意挥霍时间，它便会“一江春水向东流”。在职场上也是如此，我们要珍惜时间，而拖延正是时间最大的敌人。如果习惯在职场上拖延，那么将会让我们碌碌无为，甚至葬送我们的职业生涯。因此，“在职场中拖延无异于慢性自杀”这句话绝对不是危言耸听。

在职场中，拖延的现象非常普遍。拖延是职场中的慢性自杀行为，它时时刻刻都吞噬着拖延者的时间、热情、甚至是宝贵的职业生涯。

职场拖延，奏响失败的序曲

我们都知道，现代社会的竞争是非常激烈、残酷的，虽然这个社会上有很多拖延症患者，但也同样有很多积极进取的人。如果你不幸是前者，那就等于你把成功的机会拱手让给了后者。不仅如此，在职场上永远是能力说话，拖延会严重影响你的工作能力。如果任其发展，那么结果就只能是你成为失败者，被职场淘汰。

静静是一家出版社的文员，她工作已经三年了，每天的工作模式差不多都是一样的。周一至周五，静静每天早上九点准时打卡上班。以下是她一天的工作记录：早上差几分九点到办公室以后，她会先收拾一下自己的桌子，然后端着水杯去茶水间倒水。如果碰到说得来的同事，就会聊一会儿生活中的事情。回到自己的办公桌后，才将电脑打开，先看看今天的新闻，顺便登录聊天软件，和网友们八卦一番。到了十点半左右，静静才开始工作。

没多久，午饭时间到了。吃饭的时候，静静接着和同事们聊八卦。等下午上班的时候，她才想起要做一份报表，于是开始动手写。才写了几行，就发现缺一些数据，于是她起身去找同事要，要的时候又跟同事聊了一番。等拿来数据，她发现有些问题，又将数据返还给对方进行补充。在等待同事整理数据的期间，她就拿起手机看新闻、逛淘宝、微信聊天。等同事把数据补充完整的时候，已经差不多三点了。然后她开始一边玩儿手机一边做报表，等报表做好了，也快下班了。于是，静静只好把剩下的任务拖到第二天完成。

上文中的静静是职场拖延者的典型，职场中的拖延浪费了她的大好时光，吞噬了她宝贵的时间、能力和热情。如果一个人掌控不了自己的时间，对自己的任务一拖再拖，甚至都不明白自己要完成哪些任务，那就说明他的人生态度出了问题。只有掌控好时间，在规定的时间内出色地完成该做的事情，你的时间、你的生活才会真正属于你。

张兵在一家外贸公司当销售人员，每天上班总是最后一刻才签到。走进办公室后，张兵要先花半个小时整理办公桌。整理完后，就拿起客户资料准备开始工作。半个小时后，张兵去楼道抽了根烟。回来的时候，桌上的一本杂志的封面吸引了他的注意力，因为杂志的封面上是他最喜欢的女明星。于是他情不自禁地拿起来，翻看着……一个小时后，等他把杂志放回去时，才想起今天还有很多电话要打呢。

刚拿起电话，一个客户的投诉电话就打了进来，他花了近二十分钟耐心地给客户解释。挂掉电话，他又去了一趟卫生间。经过茶水间时，他闻到了一阵阵咖啡香，看到隔壁部门的刘婷正在茶水间边喝咖啡边跟另一个同事聊工作。张兵心想，接完投诉电话好烦，我也去喝杯咖啡吧。喝咖啡的时候，他加入了同事的聊天，结束后已经十一点四十了，张兵想到客户应该要吃午饭了，还是下午再打电话好了。可是到了下午，张兵的电话还是没打出去几个，他心想：完了，这个月的业绩又要泡汤了。

在职场中，像张兵一样心态消极、得过且过的人不在少数，这类人最容易养成懒散、拖延的习惯。他们遇到事情时，不是想着如何将它解决，而是找各种理由推脱。以至于最后坏习惯变成了性格的一部分，让他们深陷拖延症的泥潭无法自拔。以上这些现象，无一例外都是拖延症的表现，而且还是比较严重的拖延症。这些症状意味着你的自制力几乎为零，如果不及时行动，改变自己，你就只能眼睁睁地看着拖延症毁掉自己的工作和生活。

从调查报告的数据看职场拖延

有人做了一份有关“拖延症”的职场调查报告，结果表明：拖延症“患者”占据了将近 90%。另外一份调查报表显示，有 86% 的职场族表示自己有拖延症，能明确表明自己没有拖延症的职场人只有 4%，剩下的 10% 则是对这个问题拿不定主意。

在“患拖延症”的严重程度方面，有着不一样的情况，具体为：差不多有 50% 的职场人会将工作拖延到最后一刻才完成，不到截止期限绝对不会完成；有 13% 左右的人一定要等到领导催，才会去完成工作；会将工作向后拖延约一天时间的人占据了约 17%；只将工作拖延一会儿的人则占据了 19% 左右。

在拖延症的发作频率方面，一份报告显示：认为它经常发生的职场人占据了约 43%，其中坦白地说出自己有拖延症的占据了约

31%。约8%的职场人认为自己最近时有拖延的情况发生，声称自己很少拖延的只占据18%。

拖延症一般发生在哪一方面呢？一份调查显示：无论在什么事情上都会拖延的职场人占据了约54%；只在一些琐事上拖延，大事上从不含糊的职场人占据了约35%；一些职场人则表示他们在小事和大事上都会拖延，连重要的谈判会议都会拖延，这部分人占据了约10%。

很多人认为自己从事的工作非常枯燥，对此提不起任何兴致，然后潜意识里开始拖延眼前的工作，这就是工作倦怠症。工作倦怠症就是我们通常所说的职业倦怠，是指个人因为工作压力而产生的疲惫不堪的状态。职业倦怠很容易出现在服务业中，这是由行业性质决定的，然后慢慢地蔓延到其他行业。

正如上面所说的，职业拖延的现象非常常见。差不多每个人在工作中都多多少少地存在拖延的情况，甚至那些看似异常勤奋的人也会偶尔拖延。

在职场中，拖延的影响非常严重，它会将职场人的执行能力和敬业精神慢慢腐蚀掉，让他们无法按时完成工作，事业难以成功；它还会影响团队合作精神，让同事之间无法和谐共处；它还会延长拖延者的工作时间，增加拖延者的工作压力，危害拖延者的身心健康。长此以往，不仅会赔上自己的职业生涯，还可能赔上自己的健康。

REFUSE TO DELAY

第二章

拖延症，慢慢扼杀人生的正能量

每个人或多或少都会有不好的毛病，而且不止一个，拖延症就是众多毛病中的一种。一个有拖延症的人，常常会携带一身的负能量，把自己的人生弄得一团糟。拖延症就像一个“大毒瘤”，人在不知不觉中就中毒了。这个“毒瘤”还会不停地繁殖，让“病症”越来越严重，对一个人的精神、事业、心灵等产生极大的负面影响。

拖延症的负能量超乎你的想象

在我们拥有的众多缺点中，拖延症本身就具有强大的负能量，会给我们的生活、工作、行为等带来巨大的影响。一个患有拖延症的人，常常会陷入自责和愧疚中，总觉得该做的事没有做，该学的知识没有学，该完成的工作没完成。即使如此，他们依然总是在该睡觉的时候玩儿手机，在该起床的时候睡懒觉，在该上班的时候迟到……时间久了，负能量就爆发了。

拖延症会使工作效率不高，工作无法完成，以致我们对自己的能力产生怀疑，变得毫无自信；拖延症会把今天的工作拖到明天，会将当下的事拖到以后，以致我们总是抱怨自己生不逢时，哪知其实是因为自己不在正确的时间做正确的事；拖延症会让一个人感到很疲惫，会影响一个人的情绪，给其心理带去严重的负担……除以上几点之外，拖延症还会让人失去活力、缺乏热情、行动力丧失、麻痹堕落。

怀疑自己，丧失自信

有拖延症的人，总是在做不合时宜的事情。把本该在今天完成的事情拖到明天，即便最后将事情完成了，也大都会因失去时效性而导致这件事情失去意义。“自己在做的是毫无意义的事情”这样的想法也会随之产生，慢慢地就开始对自己产生怀疑，怀疑自己的能力、怀疑自己的价值，最后失去自信。

小王是一名新媒体工作者，主要职责是抓热点、写文案。但是每当热点出现时，小王总是觉得热点的热度没过，文案又不急用，明天再写也不迟。第二天，又出现了新的热点，可是小王想把头一天的热点写完，于是又将新的热点拖到了后面……就这样，小王总是把新的热点变成旧的热点。总是赶不上热点时效，导致文案效果不佳。这样时间一长，他就开始觉得工作很累，没有成就感，甚至怀疑自己不适合这份工作。最后，他索性辞掉了工作。

热点事件最大的特点就是时效性，过了那股势头就没有意义了。小王却总是把事情往后拖，其文案的效果自然不好、收获不佳。时间久了，他不仅在精神上疲于应付，还在心理上失去了对工作的自信。

小王真的不适合这份工作吗？这一点我们无法肯定，但可以肯定的是，小王如果不改掉拖延的毛病，下一份工作也不会称心如意。因为事实上，不只是新媒体工作讲究时效性，其实很多工作都讲时效性，尤其是在各行各业都追求高效创新的当下。

消极堕落，丧失热情

有拖延症的人总是告诉自己：就多玩儿一分钟、就多睡一分钟、就多看一分钟。比如，晚上下班回到家，告诉自己玩儿一分钟手机就去学习、洗澡，看一会儿视频就去做减肥操，眯一会儿再给妈妈回电话……可是往往一拖就到了半夜，想学的知识没有学，想做的事情没做，想打的电话没打，而后陷入自责，睡不着觉。好不容易睡着了，却感觉没睡多久闹钟就响了。于是关掉闹钟再睡一分钟，等清醒过来，发现时间晚了，急急忙忙赶去公司结果还是迟到了……这样日复一日，整个人就变得没有精神，也丧失了对学习、工作的热情。

小冯总是很消极，一是因为减肥总是失败，三年来体重不减反增。二是因为工作烦心，三年来一直处在无关紧要的岗位上。为了减肥，她办理了健身卡，但是每天下班后她都告诉自己今天太累了，明天再开始减肥吧，结果明天还是这么跟自己说。直到健身卡到期，她去健身房的次数都屈指可数，肥自然减不下来。

在工作方面，从进公司到现在三年了，小冯一直都处在自己当前的岗位上，工资没涨，工作没变。一开始她还想提升自己的能力，学习一些技能，比如PS，更好地协助自己的工作。可是下班回家以后，她总是沉迷于玩儿手机、追剧、逛淘宝，学PS的事就一拖再拖。现在，她对自己的现状感到很不满，内心很痛苦，但又不敢辞职，生怕辞职之后找不到工作。

因为拖延，小冯想减的体重没减，想学的技能没学，每天消极堕落，对工作、生活失去了热情。其实，小冯是很多拖延症患者的写照，因为拖延失去了信心、失去了斗志，既痛苦又不能改变，每天浑浑噩噩、得过且过。

情绪紧张，心理扭曲

有拖延症的人，总是很难按时完成工作。一到项目紧急、时间紧迫的时候，就会因承受不住压力而导致情绪紧张，结果影响了工作效率，降低了工作质量。然后会陷入自责，导致失眠、厌食、无力、想睡觉。感到萎靡不振，失去活力，行动力不足。心态容易崩溃，心理容易扭曲。

小吴是一名大四学生，她总是因为早上起不来床，落下了很多课程；总是因为贪睡，懒得去复习功课。而每到考试时，她就会白天夜晚地不睡觉，狂刷试题，不到最后一分钟不进考场，生怕漏了哪个知识点、生怕挂科、生怕毕不了业。可就是因为太过紧张，她总是在考场上睡着，即便是刷过的原题也不会做。于是每考完一科，她就会崩溃地大哭一次，每个期末都要崩溃好几次。四年下来，小吴挂了不少科目，最终还是没能拿到毕业证。收到通知后，她每天魂不守舍，不敢出门、不敢见人，心理逐渐扭曲。

因为拖延症，小吴落下了功课；因为拖延症，小吴没有及时补上落下的功课；因为拖延症，小吴通宵达旦地刷题；因为拖延症，小吴总是挂科，最后导致心理扭曲。从小吴的事例中不难看出，只要你敢放任自己，招惹拖延，拖延就会给你意想不到的严重后果。

就像《明日歌》里所写："明日复明日，明日何其多，我生待明日，万事成蹉跎。"因此，我们要拒绝拖延，今天的事今天完成，明天自会有明天的事，立即行动，不慌不忙，保持进度，保证质量，满怀自信，相信自己，专心工作，去发现自己的价值，去寻找生活的意义，绽放生命的光彩。

一拖再拖，事情就会变得一团糟

聚会攒在一天聚、工作攒在一天做、袜子攒在一天洗、垃圾攒在一天扔、琐事攒在一起愁……这样下去，生活怎会不一团糟呢？有这么一群人，不调五六个闹钟起不来床，不先八卦两句不开始工作，不到最后关头不着手工作，不到眼睛闭上不放下手机，不到身体垮掉不进医院……总之生活不像生活，工作不像工作，凡事一团糟。

如果说美好的一天从早餐开始，那么拖延症患者估计没有一天是美好的吧。他们工作日不到点儿不起，假期不到饿不起。早餐要么省，要么变成“早午餐”。工作日慌慌张张地起床，匆匆忙忙地打理自己，留下一个乱糟糟的屋子。到了公司，上午的事拖到下午，下午的事拖到晚上，晚上的事拖到第二天，总是留下一堆乱糟糟的摊子。晚上回家，该洗的碗没洗、该倒的垃圾没倒、该吃的饭没吃，生活总是乱糟糟。空闲时，该见的人没见、该说的话没说、该履行的承诺没履行，情感总是乱糟糟。

因为拖延，把生活弄得一团糟

不到没有干净衣服穿的地步绝不洗衣服，不到下次吃饭的时候绝不收拾碗筷，不到屋里发出霉味绝不到垃圾，不到睡前绝对想不起某件重要的事还没做，不到灰尘多到肉眼可见绝不拖地……这些都是拖延症患者的通病，因为拖延症，所以他们的生活总是乱糟糟的。

小张是一名朝九晚六的白领，原本是为了方便上班，才在公司附近租了个单间公寓，不承想这却让小张患上了拖延症。他每天不到八点四十不起床——“反正公司近，来得及，再睡会。”八点四十到了，他才不情愿地起床，匆匆忙忙地穿上衣服，一路跑到公司，有时候连脸都是在公司的卫生间里洗的。他总是把袜子攒在一堆，脏衣服攒在一堆，垃圾放在一堆——“工作这么累，周末再洗吧！”他这么告诉自己。可是周末一个懒觉醒来，看着一堆的脏衣服、脏袜子以及没有倒的垃圾，小张就会莫名生出一肚子火，感到十分崩溃。

因为拖延，小张将自己的生活过得一团糟，这种生活听起来很不堪，甚至有点儿不可思议。但事实上，它正是大部分拖延症患者的生活的真实写照。情况好一些的，会在周末督促自己把家里收拾一遍、把该处理的事情处理了，虽然效果可能不那么理想，但终归不那么糟糕了。而情况不好的，则会破罐儿破摔，让本就糟糕的生活变得更加糟糕。

因为拖延，把工作弄得一团糟

有拖延症的人，总是在工作最后关头加班加点儿赶着完成工作。拖延症患者，通常不会在接到任务的第一时间就抓紧完成工作，总是以“有的是时间”为理由拖任务。等到了最后期限，心里开始慌张，开始赶着时间完成任务，质量自然惨不忍睹。

小宁的职业是总经理助理，直接上司就是总经理。小宁的经理几乎都在出差，给小宁安排的活儿通常都不急，有时会很长时间不问她，小宁便养成了拖延的习惯。比如，总经理出差之前让她去查某个资料，之后做报表汇总发到他的邮箱。但是总经理出差之后，小宁就把这件事搁下了。一件事搁下可以理解，但小宁几乎把所有事都搁下了。直到总经理出差要回来的前两天，小宁才开始慌慌张张地处理总经理走之前交代的工作。结果不是丢东忘西，就是资料找不全，报表有错，身心疲惫的同时，工作也被弄得一团乱。

像小宁一样，有拖延症的人常常将自己的工作弄得一团糟。有拖延症的人总是习惯把所有事都往后拖，最后堆在一起，给人每件事都很重要、很着急的感觉，于是不得不加班加点儿地工作。但是这种“努力”不能受到表扬不说，工作质量还不能保证。试想，如果他们能够在接到任务后的第一时间就着手处理，事情还会变成这样吗？

因为拖延，把情感弄得一团糟

因为拖延，生活、工作被弄得一团糟。一方面常常会把责任或者压力发泄到爱人、恋人、亲人、朋友身上，彼此之间的关系会因此而产生隔阂；另一方面拖延症患者因自己工作效率低、工作没有做好等，内心变得不安、焦虑，带给自己和别人很多负能量。这两个方面加起来，拖延症患者的情感自然就会变得一团糟。

小铭是一名拖延症患者，他的前女友就是因为他的拖延症才离他而去的。事情是这样的：每次两人约会时，小铭总是磨磨蹭蹭，导致迟到。答应女友的事也总是一次推一次，因此女友总是抱怨小铭不把自己放在心上。雪上加霜的是，因为拖延症，小铭的工作总是不顺心。所以每次两人见面时，小铭总是忙着抱怨工作上的不如意，排解压力，而忽视了女友的近况。最后，女友实在受不了小铭一次又一次的失信以及慢慢的负面情绪，选择了和小铭分手，离他而去了。

答应别人的事就要去做，不能因为对方是亲人、恋人、爱人、朋友而认为“往后推一推也没有关系”。和别人相处不要只顾着发泄负面情绪，因为没有人愿意和喜欢抱怨的人来往。也许这些道理小铭都明白，但他还是把自己的感情弄得一团糟，根本原因就是拖延。

无论对谁，拖延症都是一颗“毒瘤”。如果任由一颗“毒瘤”生长而不去遏制它，不将其拔除，那么我们的生活、工作、情感都将会被其毒害。我们将会失去活力、失去信心、失去爱情、失去希望。因此，我们要拒绝拖延，不能让拖延毁了我们的生活、工作、情感，让我们的工作、生活、情感变得一团糟。

精神负能量：情绪低落，萎靡不振

拖延症会对一个人的很多方面产生负面影响，精神便是其中之一。在精神方面，拖延症会导致人情绪低落、身心疲惫，尤其是对重度拖延症患者来说，这种情况会更加严重。敏感、暴躁、烦闷、失眠、注意力不集中等是常见的精神方面的症状，这些症状将严重影响一个人的身体健康和正常生活。

当下是一个互联网时代，节奏快，知识芜杂，稍微有点儿拖延犯懒，就有可能被时代远远地甩在后面。而一旦我们跟不上时代，就会产生焦虑情绪，就会会感到不安，直接导致情绪低落、身心疲惫，会对生活抱悲观态度，失去好奇心，对什么都没有兴趣，总是一副无精打采的样子，注意力分散。

易怒易躁，情绪低落

拖延症患者总是喜欢把事情留到最后期限去做，这个时候他们会面临赶工作进度和保证质量的双重压力。即便是加班加点，甚至通宵达旦地去推进任务，也常常会顾此失彼，赶上了进度，落下了质量，保住了质量，进度赶不上。从而导致神经紧张，睡眠不足，压力过大，最后的结果就是情绪低落、脾气暴躁。

小张是某会计师事务所的工作人员，他总是喜欢把今天的账单堆到明天处理，把今天的报表拖到第二天。所以每到月底公司核对账单、报表时，小张都要加班加点地处理账单、报表。本来每天的账单、报表量不大，但是积攒了一个月后，账单、报表的数量就不少了。小张要赶在本月最后一天把自己的活儿做完，是需要花几个通宵的。

人在通宵的状态下工作是很容易出错的，小张也不例外，因此不得不多次返工。于是，每到月底，小张的脑海里就只有账单、数据、报表、通宵……数据对不上、身体吃不消、脑袋乱成一锅粥是常态。这些常态常常让小张感到心急火燎，愤怒到了极点的时候，甚至会摔电脑、砸杯子等。后来有一次，他在异常暴躁的情况下撕掉了做了一半的账单，导致那个月的账单没有按时出来，他也丢了工作。

人在着急的时候，难免会没有耐心，会表现得暴躁。在高强度赶工、睡眠不足的时候，人的情绪自然很低落。为了避免这种情况发生，当天的工作就要当天完成，当下的事情就要当下处理，不要给自己找借口，不要让任务过夜。

紧张焦虑，身心疲惫

拖延症患者虽然总是把工作往后拖，但并不表示把工作可以就此停下来。不用做了，等到最后关头还是得把任务做完。因此，在他们的脑海里，一直会有一个声音不断地提醒自己：我还有某件重要的事情没做。这就在无形中给他们制造了紧张、焦虑等情绪，给其身心带来了无形的压力。截止期限越接近，他们就越紧张、越焦虑，身心就越疲惫。

小刘平日喜欢跟同事聊八卦，即便是上班时间，她也会通过QQ、微信与朋友聊天。这严重影响了她的工作进度，导致她的工作总是无法当天完成，于是她就往后拖。可是下班之后，她心里总是想着今天还没有完成的工作，于是开始责怪自己上班聊天。时间一长她就开始失眠、赖床。但是到了第二天，她又会觉得有的是时间，然后继续跟朋友聊天，当天的工作依然完不成。就这样，小刘陷入了一个恶性循环：没有完成的工作越来越多，加班的次数越来越多，压力越来越大，失眠越来越严重，工作效率越来越低……最后，小刘感到自己身心疲惫，每天都很累，下班之后直接瘫在床上玩儿手机，什么都不想干、什么都不想想了。

朋友之间聊天本无可厚非，但因为聊天而降低了工作进度，拖延了工作，显然就是自己的不是了。生活中也不乏小刘这样的人，因为拖延而耽误了工作，不得不频繁加班。于是压力、失眠、紧张、焦虑接踵而来，最终导致身心疲惫、厌恶工作。

悲观失望，畏惧结果

拖延症患者总是喜欢把工作拖到最后关头，为了完成进度而顾不得质量，导致工作取得不了理想的结果，受到上司的批评，得不到器重。这样时间久了，难免会悲观失望，对工作失去热情、斗志，甚至每一次匆匆忙忙完成任务之后，都会畏惧结果，生怕又做得不好，受到批评，对自己失去信心。

一开始，大家普遍认为小王是一个极爱学习的人，可是时间长了才发现，小王不过是三分钟热度罢了。小王刚进公司时，每接到一个任务，都不急于推进，而是先去查找相关资料。按他的话说，就是只有做好充分准备，才能更好地完成任务。每一次他都是赶在最后期限完成任务的，但是质量并不不理想，所以常常被领导点名批评。“还不是因为时间太紧了，我都没有最好准备。”——他如是说。但其实，他找到资料之后并不看，或者说根本就没打算做充足的准备，那只不过是他不想立即着手处理工作的借口或是他不相信自己能处理好工作的理由罢了。后来，他再也没有查找资料的闲心了，也不管领导的批评，只顾应付工作了事。

一些拖延症患者总是会告诉自己：等准备充分了，就立即行动。但是他们所谓的准备不过是拖延的借口。无论他们为什么而拖延，结果都是一样的，那就是悲观失望，失去工作的热情，变得麻木，也就不再会认真对待工作了。

当有一件重要的事情等着你去完成时，应立刻去做，不要为自己找借口。不知道的及时向前辈请教，不要等准备充分再去做，因为你有可能永远都准备不充分。做事的时候，要尽自己最大的努力把事情做好，不要过分在乎结果，给自己制造紧张。也不要害怕被领导批评，领导批评你并不是针对你，而是器重你、想培养你，你应该感到自豪而不是有心理压力。拒绝拖延，保持良好的情绪，不悲观、不焦虑、不失望，努力做好当下的事。

因怕麻烦而拖延，就会小事变大

上完一天班，还要写日报总结，麻烦；终于等到周五，想着周末可以好好睡个懒觉，可是下班之后还要写周报，麻烦；申请在职研究生，要学英语、考数学，麻烦；每周六都要加班、培训，麻烦；出门旅游要倒几趟车，麻烦；过年回家要在火车上拉个行李箱，麻烦……“麻烦”无处不在，无孔不入。

麻烦虽然不讨人喜欢，但却不能嫌弃它，更不能因为嫌麻烦而拖延。尤其是在职场中，一旦因为嫌麻烦而拖延，后续就更加麻烦了。作为一名职场人，必须要明白公司的任何制度都不是针对你一个人而制定的。任何你觉得麻烦的安排如果不执行到位，对公司来说就可能是一个大问题。生活中也是一样，如果总是逃避麻烦，无尽地拖延，麻烦就会发酵，就会小事变大。因此，不要怕麻烦，该做的要耐着性子认真做。

麻烦也会由小变大、由简单变复杂

有些工作不是说我们嫌麻烦，就可以跳过不做了的。即便是当时嫌麻烦拖着不做，后面还是得花时间补上。而麻烦很有可能因为拖延而越变越大、越来越复杂。在平时的工作中，我们会遇到各种看似不起眼的麻烦，但有时候，正是因为这些不起眼的麻烦得不到及时解决，才在最后给公司、给自己带来了大麻烦。

作为一名总经理助理，小王除了要当面给总经理汇报工作之外，还要通过邮箱给总经理发送文件、报表，有时候还需要通过邮箱给全公司员工传达总经理的指令或会议纪要。一次，总经理要求小王给客户发一些资料，小王发现该客户的邮箱跟总经理的很像，就想着发完资料之后将其删除，以免弄混。可是小王刚发完邮件，就被总经理叫去开会了，会开完以后，已经过了下班时间，原本登录的邮箱也已经自动退出了，小王觉得再次登录太麻烦，就想着明天发送邮件的时候再顺便删掉，便关电脑下班回家了。

过了两周，总经理要小王将周报发给他，小王说自己已经发了，总经理说没收到，让小王再发一遍，还是没收到。总经理直接来小王的电脑旁看邮件，发现小王竟然将邮件发给了客户。而且将近半个月，小王把要给总经理汇报的工作都发给了客户，包括公司的机密文件。总经理立刻召集管理层，商量应对措施。后来，所有重要项目方案全部重做，公司上上下下都加班加点赶方案。虽然公司没有开除小王，但小王因心里愧疚，主动辞职了。

登录邮箱、删除邮箱里的客户不过是动动手指头的事，小王却嫌麻烦，没有及时删除，最终酿成大祸。我们在工作中遇到一些麻烦在所难免，这时要以平常心对待，不要因为嫌麻烦而不及时采取行动解决。要知道，有时候麻烦也会由小变大，由简单变复杂，给我们带来不可预估的损失。

不怕麻烦，做个规规矩矩的职场人

公司看似复杂无用的条条框框、规章制度里面其实是有很多道理的。公司是一个集体，聚集的员工来自天南海北，为人处世各不相同。通常一个项目需多人合作，如果没有统一的规章制度，任凭大家各行其道，就会出现这样的局面：有的人做事快，一天就搞定，有的人拖拖拉拉，十天半个月还没做完，导致项目窝工；或者一个项目出现各种风格、各种特色，导致项目质量没法保证，公司没法盈利、没法生存，自然就不存在工作了。因此，不要嫌公司的条条框框、规章制度麻烦，要学会做一个不怕麻烦、规规矩矩的职场人。

小张来到新公司半年了，刚进公司时就发现新公司有很多规章制度。比如每天要打四次卡，每天早上要向上级汇报昨天的工作和未来几天的工作计划，晚上下班前要写日报，每周下班前要将本周项目的推进情况、工作中遇到的问题、下周计划、建议和想法等做成周报发到总经理的邮箱。上了半年班，小张就感觉每天都是计划、计划、计划，每天上班想的是计划，下班还是计划，有时候一个项目长达数月，根本没法写。

有一次，他忘了给总经理发周报，第二周总经理也没问他，他嫌麻烦，就没有补上。后来甚至干脆就不给总经理发周报了，反正总经理也不看。直到有一天，小张参与的一个项目出了问题，公司要检查出问题的环节在哪，便挨个看员工的周报计划，这时小张慌了，现在赶也来不及了，只能实话实说。最后，虽然项目问题并不是出在小张身上，但他还是被扣了半个月的工资，还在全公司员工面前做自我检讨。之后，小张再也不嫌公司制度麻烦了。

俗话说，没有规矩不成方圆，公司制定制度是有一定道理的。作为一名职场人，如果发现制度有不合理或者可以改进的地方，可以提出来。但是在制度更新之前，必须遵守旧的制度，这是公司有条不紊地运转的保障，也是让我们职场生涯走得更远的前提。

"生命即是麻烦"，所以不要怕麻烦

没有人会说自己喜欢麻烦，但是在我们的生命中，任何时候都可能出现麻烦，正如张爱玲所说："生命即是麻烦，怕麻烦，不如死了好。麻烦刚刚完，人也完了。"工作也好，情感也罢，只要我们还活着，就会遇到各种各样的麻烦，终其一生，麻烦从不会断，生命本身就是个麻烦。

小静是一个喜欢旅游的胖女孩儿，却有一个嫌麻烦的毛病。每天上班之前，小静都想着走之前将健身物品塞进包里，下班后直接去健身房。可是健身物品塞满包时，小静又嫌麻烦，便放下健身物品，上班去了。下班回家后，小静心想还得走路去健身房，健完身还得洗澡，麻烦，索性就不去了，减肥的事就这样一天推一天。每逢节假日，小静都想外出旅游，但是她嫌带衣服、化妆品、拉行李箱麻烦，于是只背个运动包、塞两件换洗衣服就出门了，连防晒霜都懒得带。几天旅游下来，不仅拍的照片蓬头垢面，还被晒得黑黑的，这时小静开始后悔了。但是下一次，她还是会嫌麻烦。

有句话说：天下没有丑女人，只有懒女人。同样的道理，天下没有那么多麻烦，只有懒惰拖延。有时候，我们暂时跳过了小麻烦，获得了一时的轻快，之后却会给我们带来更多麻烦、困扰。生命即是麻烦，所以不要嫌麻烦，耐心一点儿，麻烦就少了，烦恼也就少了，生命就更有意义了。

一个人穷点儿、笨点儿、丑点儿都不可怕，但一个人若是嫌麻烦就可怕了。一个人嫌麻烦，会让自己的工作、生活变得一团糟，会给自己或他人增添很多不便。因此，无论是在工作中，还是在生活中，但凡遇到麻烦，就要立即着手解决。解决一个小麻烦，就能免去一个大问题，何乐而不为呢？

患上拖延症，就在不知不觉之间

我们都听说过温水煮青蛙的故事，却从不曾想过在不知不觉中，自己也会变成温水中的青蛙。一份安逸舒适的工作、一部智能手机、一个先进的时代共同组成了“温水”，拖延症是“火”，而我们是“青蛙”。

接到新任务时，第一想法是好难，自己的能力水平不行；感觉上班就是为了消磨时间，毫无意义；工作之前刷刷微博，让自己放松放松；觉得这个工作太简单了，留到最后再做吧；每天都在做计划，每天都在推迟计划的执行……如果你有以上一个或多个毛病，你就要好好反省反省了，很有可能你已经在不知不觉中染上了拖延症。

总缺乏自信或者过于自信

当领导交给你一项新任务时，你觉得以自己当下的能力无法完成这个任务，于是你畏首畏尾，害怕因为自己没有做好工作而拖项目的进度，给同事造成麻烦，这是一种缺乏自信的表现。接到新项目时，你看了一眼项目大纲，觉得任务很简单，于是将任务搁置，等到最后期限才发现自己低估了项目的难度，无法保质保量地完成工作，这是一种过于自信的体现。缺乏自信也好，过于自信也罢，都是拖延症的不同表现。

小陈在广告公司工作，工作的主要内容是策划方案，几乎每半个月她都得推出新的策划方案。每次开启新策划案时，小陈总是觉得时间还长，便以找灵感为借口来拖延工作。直到火烧眉毛、只剩最后两天时，小陈才开始焦虑，无法静下心来思考，总是做不到自己满意的结果，每次都是勉勉强强、马马虎虎地完成任务。

作为一名职场人，一定要对自己诚恳，清楚自己的能力；要踏踏实实做人，认认真真做事，既不贬低自己，也不高估自己；当下的事当下做，不要总是等到最后关头；遇到困难及时求救，不因困难拖延工作；灵感不会光想想就有了，还需动手将想法呈现……要学会做一个不自卑也不自傲的职场人。

行动之前先刷刷微博

有的人在工作前，总是要先刷刷微博，理由是放松之后才能更好地工作；下班回家之前，先看一集电视剧，再处理今天留下的工作，理由还是为了更好地工作；接到新项目时，要先去大吃大喝，彻底放松，理由依然是为了更好地工作……这样慢慢形成了习惯，不知不觉就患上了拖延症。

小琴最近总是无法集中精力上班，她感到很苦恼。每天9点上班时，她都会打开前一天的计划表，看看今天的工作内容，然后就开始刷微博，在微信上与朋友聊两句，浏览一会儿网页，差不多半个小时过去了，她才开始准备做事。可是还没理清楚头绪，手机响了一声，微信有了新消息，于是她又重新拿起手机，与朋友东扯两句，西聊两句，一个上午就过去了。下午的状态跟上午差不多，甚至更差，感觉啥都没做一天就过去了。随着时间的流逝，小琴越来越觉得自己能力不行，无法胜任当前的工作，开始排斥工作。

小琴的情况既是大多数职场人的通病，也是拖延症的一种体现。有人说刷微博、聊天、看视频是现代人放松的方式，是为了更好地工作。实际上，他们只不过是通过刷微博、聊微信、浏览网页的方式来逃避工作罢了。而这些人，在工作时会因为手机消息而无法集中精力、思维混乱，工作毫无头绪，不能全身心投入，他们慢慢就变成了拖延症患者。

计划很丰满，现实很骨感

我们身边可能会有这样的人：他们很会为自己规划，无论是对工作还是对生活，他们都会为自己做一个个漂亮而完美的计划，他们会告诉你自己的计划有多棒，若是自己跟着计划走，将会变得多优秀，但就是迟迟不见他们行动，“今天有事，明天再开始计划吧”——他们常常如是说，这也是拖延症的一种表现。

上班之后的小婷由于缺少锻炼，越来越胖。看着体重秤上越来越大的数字，小婷难过极了。早在半年前，她就决定要减肥，她还为自己制订了一个详细的计划，包括每天几点起床、三餐吃什么、要怎么锻炼……事无巨细，全都写了下来，还将计划打印出来，挂在了自己的床头。可是半年过去了，小婷今天推明天，一天推一天，竟然到现在还未开始实施减肥计划。当初打印出来的计划表早已发黄，体重还是只增不减，小婷越来越不喜欢自己，越来越自卑。

只有执行落实的计划才有意义，否则，即便计划再丰满、再漂亮，也只不过是浪费时间、浪费精力罢了。看到自己的体重逐渐上升时，小婷花时间做了一份详细的减肥计划是值得称赞的，但是给自己做了计划，又不将计划落地，让计划成了一个摆设，这是我们所忌讳的。漂亮的计划要配上干净利落的执行才能称为完美，不要让自己掉进计划很丰满、现实很骨感的陷阱。

综上所述，过度怀疑自己的能力，胆小、缺乏自信；高估自己，过于自信；上班时，总以放松为借口拖延工作；不到火烧眉毛了，绝不着手处理工作；想得太多，做得太少；不能自我控制，上班只为消磨时间；沉迷于虚拟世界，不愿提升自己；精力不集中，思维混乱等，都是拖延症的表现。职场人要不断增强自律、自控、自我监督能力，克服自己的懒惰心理，跳出自己的舒适区，以防在不知不觉中患上拖延症。

REFUSE TO DELAY

第三章

内心的恐惧，是绝大多数拖延症的根源

99.99% 的拖延者都是源于内心，或许是恐惧挡住了你前进的道路，或许是自己的想法限制了你前进的步伐，或许是担心事情挫败给自己带来无尽的自责。有可能是“选择恐惧症”左右了你的思想，也有可能是依赖心理引导你走入拖延的深渊。但是究其原因，一切都是自己内心的选择。

恐惧是你前进道路上的绊脚石

造成大多数人成为拖延者的深层次心理原因都是恐惧：担心自己被他人评判或者是自我评判，害怕自己的不足暴露在众目睽睽之下，害怕已经付出了最大努力却依然没有达到目标。对失败的恐惧，对成功的恐惧，对某些事情的恐惧，对某些人的恐惧……都可能使我们成为一名拖延者。

事实上，再勇敢的伟人也有内心充满恐惧的时候。有恐惧并不可怕，可怕的是自己把内心的恐惧无限放大，以至于当我们面对这些事情的时候面露胆怯、畏首畏尾。或许是对自己的期望太高，目标太远大，过于追求完美，因此当我们向着目标前进时，总是不尽如人意。

害怕失败却沦为拖延者

世界上不乏完美主义者，他们对待每件事情都极其认真，任何一件事都要在能够达到完美的前提下才开始着手，从而也会对自己有严格的要求，甚至可以用严苛来形容。但是有些人在实现自己崇高追求的过程中，总是被“自己能否完成目标”这样的烦恼困住，担心失败，以至于最后真的没有成功。举一个简单的案例。

李明是一名律师，他在大学期间学习成绩非常优异，每门科目都是优。毕业之后也顺利进入了在业内很有声望的律师事务所，他希望可以通过自己的不懈努力成为事务所的合伙人之一。虽然李明对所负责的案件进行了很多思考，但是很快出现了问题。由于他十分担心自己会做不好，因此每件事都要翻来覆去地推敲，导致任务进展得十分缓慢。这不，眼看庭审日期就要到了，可是必要的背景调查、跟客户沟通、撰写案件小结等都还躺在“待做清单”上，这让他越来越恐慌。他说：“我人生中最大的追求就是成为一名伟大的律师，但是似乎我大部分的时间都用在了担心自己能不能成就伟大上，却没有实实在在地去完成该做的事情。”最终他因为无谓的担心，应该完成的事情都没有时间去做。

如果李明关心的事情是最终结果，即能否成为一名伟大的律师并创造成就，那他为什么要通过拖延来回避对自己实现目标有所帮助的且必须完成的工作呢？其实，他的拖延可以让他避免面对一个重要问题：他在学校成绩优异，表明他具有把事情做好的能力，那么事实真的如此吗？通过拖延迟迟不去写调查，反映了他在试图逃避开发自己的潜能。对这些害怕失败的人来说，他们会有自己的一套假设，在他们为了实现目标而奋斗的过程中，这些假设却变成了一件让人恐惧的事情。这些假设指的是：第一，我所做的事情直接反映了我的能力；第二，我能力的高低决定了我自己所具有的价值；第三，我做的事情反映了我的个人价值。

也就是说：自我价值感 = 能力 = 表现。而通过拖延，这个等式变成了：自我价值感 = 能力 ≠ 表现。因为拖延，表现就不能真正反映能力了，他们还可以用时间不够来安慰自己没有达到预期的效果，这样失败了也不会让自我价值感降低很多；还会让他们存有侥幸心理，“如果我抓紧时间做了，说不定会有完美的表现”，让他们更加相信自己的能力大于表现，甚至坚信这种想法：“我们的潜在能力是无穷的、出色的。”通过拖延，他们永远不会逼自己去面对自己的潜能，更没有机会开发潜能，最终总是在原地踏步。

恐惧成功使拖延萌芽

很多时候，人们拖延是因为担心结果不是自己想看到的，于是为了推迟结果的呈现，而做事拖拖拉拉。如果要做的事情超出了自己的能力范围，人们拖延往往就是为了回避失败。因为能力与职责不匹配，最后呈现的结果通常都会比预期要坏，在一定程度上会打击人的自信心和自主效能感，对人的心理产生负面影响。而越晚开始，失败的结果就会越晚到来。

还存在一些不同于上面情况的人，对这一类人来说，即使只要完成了某项他们能够胜任的工作，或很好地完成了所在职位的任务就能得到奖励，他们也依旧选择拖延，那么这类人就是对成功的回避。更确切地说，是对成功以后的惩罚的回避。

成功虽然可以给我们带来收入的增加或者事业的提升以及更多的赞赏，但同时也会让我们承受更多的压力和痛苦。一方面是来自内部的压力，如对同事的愧疚、担心自己长期工作的能力、与上司和同事之间亲疏关系的平衡等；另一方面是来自外部的压力——更多工作机会的选择压力、同事的议论、别人对你的能力和处世的评判、同事纷纷开始与你保持安全距离等。而越晚开始，承受的压力和痛苦就会来得越晚。

拖延只不过是掩饰我们的恐惧心理。只有正视自己的内心，才能从根源上解决拖延的问题。如果你是因为害怕而迟迟不敢行动，那么你可以每天给自己心理暗示，鼓励自己“我可以”；如果是因为麻烦或烦琐而迟迟无动于衷，可以用“婴儿学步”的方法，不要给自己设定太高的目标，每天做一点点儿，经过时间的累积终能实现终极目标。就像打游戏闯关一样，经过不断地升级打怪，就可以得到最高排位。

按照你自己本来的样子接受自己

当你意识到自己内心的恐惧正在被唤醒时，拖延的想法就已经开始在你的脑海中发芽了。此刻应停下来，让自己保持冷静，去观察和认知自己的情感，并且用友善的态度观察它们，允许它们藏在你的心里。

但是你要确信，这些恐惧的存在并不能否定你的价值，更不是让你历劫的灾难。平静下来，重新调整自己的心态，让自己重新理性思考，腾出一些时间，付出一点儿努力，帮助思维控制情绪中的恐惧。

认为拖延是自己的保护伞

当对“为什么会产生拖延”这个问题进行深入思考之后，得出的结论是：拖延其实就是一种自我欺骗。因为人都是有惰性的，一旦在一个舒适的环境中待久了，就会忘记为实现目标而努力奋斗的自己。从远古开始，聪明的人类就进化出了一种自我保护功能，那就是趋利避害。这样可以使我们在恶劣且复杂的环境中保护好自己，这是人类大脑中的一个固有机制。拖延的本质也与这个有关，我们更倾向去做简单的事情，去做能让自己心情愉悦的工作。

拖延能够拖垮一个人，也有人认为它能更好地保护好自己。生活在繁杂的世界中，人与人、人与事物之间的关系也会复杂。有时候你为了保护自己不受伤害，选择用拖延的方式躲避外界的侵扰，自认为它是自己的保护壳。

躲避世界，秘密战斗

我们处世低调，在没有十足的把握来实现自己的目标之前，不想曝光给全世界，引起周围人的关注。在中国，受传统文化教育的影响，大多数人都是含蓄内敛的，所以这样的潜意识在很多人的脑海中都存在。可惜这样的思维很可能是你为拖延找的一个体面的借口。因为不能排除一些拖延者有同样的思维习惯，如果他们决定将自己的原本面目暴露在世界面前，他们就会失去对整个局面的把控。对于担心在争战中成为失败方的拖延者来说，把自己的真实想法暴露在其他人面前，这件事情会让他们感到无形的压力，心理就会变得极其脆弱，因为这意味着自己对生活的控制权随时都有可能被别人干扰。

当你面临需要做出选择或者承诺的时候，拖延好像是一种间接保护你的方式。因为在你没有明确表明自己的态度之前，别人对你的看法就无从知晓，从而无法限制你。而从你做出抉择或承诺的那刻起，你就会感到自己陷入了别人的圈套，或者把自己暴露在了大庭广众之下，就会缺乏安全感。在你看来，唯一保护自己的方法就是不做任何抉择和承诺。这样你就可以在发现别人企图控制你之前转身离开，从而脱离出来，随时随地都可以逃走。

有上述想法的人内心是极度缺乏安全感的，而且十分脆弱，很容易被周围的事情和人左右。我们要学会改变，让自己变得主动，拥抱生活，对任何突发事件都可以淡然面对，不做生活的“逃兵”。

努力做第二，渴求舒适

人类是社会性动物，在某种程度上都渴望社会群体生活，很乐意与他人交流，喜欢从他人那里得到鼓舞和支持。更重要的是，他们生活在这个大集体中，在心理上都会有一定的安全感。其中有这样一群人，他们安居于次要地位，并享受其带来的舒适感、安全感。他们希望被人带领着，他们不愿意承担责任。一旦把他们推到一把手的位置，他们就会感到恐慌，担心失去原有的安全感和舒适感。

李红是某五星级酒店的副总经理，她在这个岗位上已经工作三年了，主要工作就是协助总经理管理酒店，并且做得井井有条。总经理把这一切都看在眼里，对她的表现很满意。但是最近这段时间，总经理对李红的表现感到十分诧异。

因为总经理打算过一段时间提前退休，去享受人生。前一段时间他提到，准备在退休的时候让李红来做总经理，但是现在李红的表现与之前相差甚远。以前的李红做事积极、任何事情都安排得有条有理，而现在的李红做事无精打采、颠三倒四，而且总是拖拖拉拉，一点儿干劲儿都没有，效率极低。

总经理还发现李红的工作状态发生变化的转折点，是在告知她有意将她提升为总经理开始的。李红得知自己将要提升为总经理的那一刻，脸上露出了欣喜的表情，随后却眉头紧锁陷入了沉思，并要求总经理收回任命。最后，总经理认为李红是在有意回避提升总经理一事。

实际情况确实如总经理预料，李红认为自己没有能力担任总经理一职，而且她认为在副总的位置很安心，习惯了任何事向总经理请示并执行总经理的决定，这样能够让她很安心。如果她被推到一线，那么现在拥有的安心和舒适也都会消失，这让她很焦虑，于是她下意识地用拖延工作的方式来维持现状。

用拖延掩饰内心的不安全感

在现在的快节奏生活中，拖延是很多人的“忠实伙伴”。它会时刻提醒你必须要做的事情，当你的头脑中始终存在着这些事情的时候，你就不会感到孤独或者是被世界遗忘。有些人在人际关系中总是缺少安全感，于是就会用拖延来掩饰自己的内心。

一般情况下，我们都会担心自己在社交中被人疏远，从而选择通过与他人时刻保持联络来获得安全感。但是还有这样一个群体，他们因为害怕关系亲近而拖延。与人保持一定的距离会让他们感到更加自然，一旦有人试图靠近他们，他们就会变得局促不安、焦虑，并马上会采取行动远离，而拖延就是他们选择的一种方法。

韦利是一个汽车机械工，即使他知道现在的工作并不适合自己，但也一直拖着没有出去找其他工作。因为他说：“如果你从事一件需要和很多人打交道的工作，别人就会对你抱有期望，想要了解你或者与你建立某种关系，下班后就会有很多人想约你出去。如果是这样，我就会很不开心。但是这里的人都知道要离我远点儿，所以在这里继续工作也还算可以。”

案例中的韦利就是希望通过拖延来保护自己内心安全感的典型例子。时刻希望与人保持一定的距离，总是担心与别人的关系更进一步。有的人是因为害怕别人会得寸进尺，提出越来越多的要求；有的人是害怕别人对自己了解过多，因为这样会让他们感觉自己的私人空间受到了侵犯……无论是出于什么样的原因，拖延对他们来说，其实是一种为自己建立安全感的行为。但是，拖延真的能带给他们所谓的“安全”吗？答案显然是否定的。这样的拖延，只会让自己陷入孤独的深渊，然后有一天突然发现自己已经处于孤立无援的境地了。

所以，把拖延当成保护伞的行为，其实和鸵鸟把头埋在沙漠中一样无济于事。只有微笑着拥抱这个世界的美好，坚强地接受这个世界的不美好，勇敢地迈出舒适区，坦然地与他人交往，才能让自己变得更好。

拖延会让你失去很多

等到时机成熟了再做，是每个拖延者为自己找的一个冠冕堂皇的借口。怎样才算时机成熟？成熟的时机什么时候到来？或许你永远都等不到时机成熟的那一刻。古罗马哲学家塞涅卡说过：“时间的最大损失是拖延、期待和依赖将来。”拖延不仅是对时间的亵渎，更是对生命的浪费。

时间是一种看不见摸不着的东西。虽然曾经也有人说时间是根本不存在的，它只是人们自己虚拟出来的，用来衡量生命的长短的工具罢了。但是不管时间是否真的存在，我们的生命都是有限的，这是一个不争的事实。所以不管怎么样，我们都应该珍惜生命，抓住时间，不要让它在拖延中消逝。

消极等待是对生命的浪费

每个人的生命都是有限的，但是在这有限的时间内，你要如何生活是自己可以决定的。有的人一生丰富多彩、留下了丰功伟绩；有的人在短暂的生命中却留下了影响一代又一代后人的精神财富；

有的人认为一生平平淡淡才是真；有些人的座右铭是“雁过留声，人过留名”……不管是哪种人生，其实现都不是靠消极等待得来的。

美国历史上著名的总统林肯，小时候的生活条件极其恶劣。他生长在偏远乡村的丛林边，居住在荒无人烟的旷野上的一间小木屋中，没有窗户没有门，距离学校、教堂、铁路很远，也没有报纸、图书等获取信息的途径，甚至连基本的生活用品都很匮乏，更谈不上享受生活了。每天他都必须走上几个小时的路到“临近”同样简陋的学校里念书，有时为了能看上一本想看的书，林肯必须经过数十里的荒野跋涉才能借到，然后不顾一天的艰苦劳累，利用燃烧的木柴发出的微弱的光亮看书。然而，林肯面对任何事都不消极等待，就是在这种艰苦的生活环境中，造就了美国最伟大的总统。

在大部分情况下，消极等待是对生命的浪费，拖延更是成功的杀手。如果林肯在严酷的环境中放弃对知识的渴望，选择对环境妥协，就不会在美国历史上留下自己的足印了。

在拖延中流逝机会

要想取得成功，机遇、能力、运气等是缺一不可的。有的人怀才不遇，有的人大智若愚，还有的人在选择中错失良机。

1973 年 6 月，在美国哈佛大学读书的 18 岁的科莱特认识了一个同龄的年轻人，这位年轻人长着一张娃娃脸。大二那年，这个年轻人邀请科莱特一起退学去开发 32Bit 财务应用软件。这件事科莱特想都没想过，因为他是来求学的，并不是来玩儿的。再说，到现在为止对 Bit 财务应用软件老师也只是教了皮毛，如果要开发 Bit 财务应用软件，必定会遇到很多阻碍。经过考虑，科莱特婉拒了这个年轻人的邀请。

10年后，科莱特成了一名在计算机Bit财务应用软件方面的学者，而当年退学长着娃娃脸的小伙子在这一年进入了亿万富豪排行榜。1995年，当科莱特开始研究并开发32Bit财务应用软件时，当年的那个小伙子已经开发出了ERP财务软件，性能上比Bit软件快1500倍，并且很快占领了全球市场，这一年他成了世界首富。这个小伙子有一个响当当的名字——比尔·盖茨。

如果当初的比尔·盖茨有了创业的想法，却等到大学毕业之后再实施，期间很难保证他的想法不会搁浅。如果是这样的话，或许比尔·盖茨这个名字也只是一个普通人的名字，世界首富中也不会有比尔·盖茨，在IT行业中占尽风头的公司也就不是微软公司了，社会上也不会有人传唱他的传奇事迹了。

拖延使你远离积极向上

很多人都有拖延的习惯。清晨随着闹钟铃声响起，想着这一天的计划，同时又贪恋床这个"温柔乡"。心中有两个自己在对话，一边说："该起床了，懒猪。"一边说："还有时间，再等一会儿。"于是在不断的挣扎中过了5分钟，甚至纵容自己躺了10分钟。拖延就像"海洛因"一样会让你上瘾，有了一次拖延，就会有无数的借口开始更多次拖延，慢慢形成习惯。

很多时候，拖延是惰性造成的，当我们需要付出劳动或做出选择时，当对某项工作感到有难度时，或者是想逃避某件不愿面对的事情时，我们总会有很多理由或借口让自己更轻松、舒适些。有的人能够瞬间把惰性扼杀在萌芽期，积极面对挑战；有的人则在与惰性进行拉锯战的时候，任时间"滴答滴答"流逝，最终仍败下阵来。

其实，拖延就是在纵容惰性，使原本很小的惰性苗头逐渐膨胀，最后吞噬你的心，消磨你的意志。导致你对任何事都漫不经心，对任何事都失去信心，开始怀疑自己的能力，做事情没有毅力，否定自己的目标，甚至在做决定的时候总是犹豫不决，形成一种拖拖拉拉、没有斗志的行事作风。以前雷厉风行、做事果断的自己消失得无踪影。

拖延夺走你给别人的好印象

做任何事情都不要给别人留下拖延的印象，这样会失去很多机会。如果是你，你愿意与一个做事拖拖拉拉的人合作吗？你会放心把一件事交给他做吗？如果让对手知道你有拖延的习惯，你能保证自己不会被击垮吗？显然这些的答案都是否定的。

想要战胜拖延，办法就是要学会逼迫自己，也就是在自己知道要做什么事的时候马上行动，不给自己留一秒思考的余地，从根本上拒绝拖延的念头，不让惰性出现。因为做事情拖延、找借口的人总是会把今天的事情推到明天，到了明天又怀念昨天，同时又会推到明天。殊不知只有把握当下，眼前的时光才是你应该有所作为的重要时刻。只有马上行动，惰性就没有乘虚而入的可能，才会在以后有所收获。

爱默生教授说："紧驱他的四轮车到星球上去的人，倒比在泥泞的道上追踪蜗牛行迹的人更容易达到他的目标地。"

或许马上行动的最终成果大多数不能达到百分之百的完美，但是只要朝着目标前进，不断努力，从经验中吸取教训，就会一次比一次做得更好，到达目的地的日子也就会越来越近。

计划不够漂亮，把你拖进拖延深渊

生活中有很多这样的人：总是习惯在做一件事之前做一份精密、完整、漂亮的计划，然后才开始执行。如果他们认为计划还没有达到自己的期望，就会陷入无尽的拖延中。完美是每个人都希望达到的一种理想状态，但是过于追求完美、不懂变通，就可能成为生活的烦恼。

从小我们就知道“千里之行，始于足下”“千里之堤，溃于蚁穴”的道理，这是说再不起眼的行为只要开始行动，就都会带来意想不到的结果。计划只是行动的前提，行动才是执行的真谛，如果计划不能通过行动去表现，再完美的计划也只是不可能实现的童话故事。所以说关键不在于计划有多漂亮，而是在于你有没有马上行动。

没有执行计划就是零

只有计划没有执行，往往会给人一种已经在行动的错觉。还会让人觉得能够列出精心设计的计划，就已经比很多人更接近目标了，但事实上这不过是掩饰自己拖延的幌子。

太阳像往常一样从东方升起，新的一天又开始了。小辰带着昨天没怎么看的资料向公交站的方向狂奔，在公交车上他，一本正经地看着资料，周围人都投以敬佩的眼光：“现在的年轻人真是不容易啊。”“他那么努力，业绩肯定很好！”但事实上，小辰一个字都没有看进去，他一直在懊悔昨天睡得太晚了，却没有看资料，浪费了太多时间。

此刻小辰正琢磨着要不要制订一个详细的计划，然后严格执行，这样既不用太累，也能保证完成任务。到办公室，小辰便像打了鸡血一样，对照着日历在电脑上噼里啪啦地写着什么。老板路过，看到如此专注的小辰，满意地笑了笑。要说小辰的运气也好，昨天悠闲的时候老板没有看到，今天只是做了一个计划就被老板看到了。

计划表出来了，列得很详细，小辰颇有成就感，看起来还真像那么回事。该实施了吗？可是今天的任务真艰巨，他开始担心自己的计划能否完成，内心充满了焦虑。为了能够保证完成任务，他中午匆匆吃过饭，省去了午休，就坐到电脑前开始看资料。但是他的心似乎不听话，总是想着QQ上面有没有人找自己说话，小辰在内心咒骂自己："能不能有点儿自制力？计划是制订给别人看的吗？一定要全身心地投入工作！"

老话常说："越是抵抗，越是存在。"小辰又陷入了沉思，担心这份计划是不是真的能帮助自己。回想以前，小辰也是制订过N个计划的人，但每次计划都是进行到一半甚至只是开了个头，就被远远地甩开了。

尽管这样，小辰面对着眼前的计划书依然是充满信心：没问题，现在开始看资料，努努力还是能完成的。但前提是严格按计划执行，一个小时过去了，资料看了一半，小辰感觉良好，于是又陷入了无限的遐想：这样一直坚持下去，升职加薪不是问题……于是他去公司的茶水间倒了杯咖啡，在茶水间遇到了同事，愉快地聊了起来。回到座位上以后，他习惯性地拿起了手机……等他想起计划的时候，时间已经是下午3点半了，还有两个小时下班。小辰继续看了十几页资料，然后想起老妈的生日礼物还没有定，又开始逛起了淘宝……到下班时资料还没有看完，他也索性不看了，想着明天再看，于是打卡走人了。

对于像小辰这样自制力差的人来说，做计划并不是一个好想法，因为他们无法执行。做计划和执行之间隔着时间，在明天还没有真正到来时，他无法真实体会到那种感受，也就缺少立即执行的动力。

计划的目标不需定得太高

有时候我们对自己的期望太高，就会设定与自己目前的能力不相符的目标，最终得到的结果大都是失败。在一次次的失败中遭受打击，原本的激情都被对自己的失望浇灭了。或许原来的你并不差，只是自己的定位太高，以至于失去了信心，迷失了方向。

"人往高处走，水往低处流"，这是人之常情，也是自然规律。但是把目标定得低些，并不意味着你就比别人弱，也并不代表着你没有往高处走的野心。只是去往高处的路并不是平坦的，而是漫长崎岖的，也并不是在短时间内就可以达到的，而是需要时间的沉淀、经验的累积和完美地执行才能走到终点的。

当把要实现的终极目标分割成若干个小目标，然后一步步地攻克，严格地按照计划去执行，实现一个个小目标，就会离自己的目的地越来越近，最终顺利到达。如果一开始就把目标定得远超自己能力范围，第一次没有完成，第二次又失败，第三次依然不尽如人意……陷入死循环，再然后就会慢慢习惯了这样的结果，对目标的追求就没有那么热烈了，也不会逼迫自己去完成了，最终在行动上就会有所怠慢，再然后就会出现拖延的现象，距离实现目标的那一天也就遥遥无期了。

实现终极目标的过程，就像《西游记》中师徒四人西天取经需要历经九九八十一难一样。他们每历经一次磨难，就好比你完成了一个既定目标，在整个过程中逐渐使自己变得强大。有计划就马上行动，告别拖延。

克服自制力差的几个建议

自制力差的人很容易养成拖延的习惯，那么，怎么做才能有效地克服自制力差的问题呢？下面介绍了几种方法。

1. 从最容易的事情开始。一开始不要给自己太大的心理负担，只给自己计划一些小的任务。比如，查出明天所要打的电话，记下来，今天的计划就完成了；只把桌子上的东西都摆整齐，今天的事情就完成了，明天再整理衣柜里的衣服……每天完成一点儿小事。

2. 每天必须做一件事情。可能曾经的你为自己做过很多承诺，但最终都石沉大海了。那么，不要急着在短时间内实现。试着每天只规定自己必须完成一件事，比如每天看十页书，这很容易实现，而实现的喜悦就是一种催化剂，能够使你的新习惯更强大。

3. 每天必须不做一件事情。你或许有很多坏习惯，它们无时无刻不影响着你。不要企图一天就将它们全部消灭，试着每天规定自己必须不做一件事情。

4. 不要积累太多未完成的事情。每一件未完成的事情都会成为你的心理负担，吞噬着你的积极性，不管这些事情有多么的不起眼。

5. 要学会做决定。你或许有很多想法，但这些想法中总会有相互矛盾的，所以你就干脆选择什么都不做了。你试图梳理这些想法，却一直没有做出决定，最后又只能拖着。所以，你要学会判断是非、轻重、缓急，然后做出最恰当的决定。

拖延之后带来的是挫败感和自我怀疑

拖延症在如今的快节奏生活中越来越普遍，几乎每个人都会有或严重或轻微的拖延习惯。很多人认为拖延只是生活上的一些小毛病，无伤大雅，就不放在心上。可随着时间的流逝，拖延慢慢夺走了你积极向上的心、夺走了你的自信，而你却不自知。逐渐被无数次的挫败感环绕，然后陷入自我怀疑的深渊。

拖延的危害是严重且广泛的。当你面对一件事情选择拖延对待的时候，它并不会因此而减少麻烦，也不会因为你的视而不见而自动消失。反而会因为你的一拖再拖，使自己的内心紧张焦虑。总认为最后关头冲刺一把就可以完成，但是结果往往是失败的，然后陷入无尽的自责和后悔中。循环往复，直至自己完全麻木、坦然接受。

想做的事情太多也成了天才的遗憾

不管是身为普通人的我们，还是在世界上有巨大影响力的伟人，都不可能是完美的。多多少少都会潜藏一些小毛病，甚至是伴随自己的一生。

达·芬奇是意大利著名的伟人，在世界上享有盛誉，他是一位博学的人，因为他涉及的领域非常多：建筑、绘画、音乐、解剖学、地质学等，且都有显著的成就。据估算，他流传于世的6000多页手稿笔记只是他一生写的笔记的三分之一。在这些笔记中，达·芬奇成了西方第一个人形机器人的设计者，是第一个画出子宫中胎儿和阑尾构造的人，绘画创作方案更是数不胜数。

这些事情侧面反映了达·芬奇是一个注意力十分分散的人。也正是因为注意力分散，使他不能在一件事情上十分专注地定下具体目标。由于追求完美和不断有新的灵感迸发出来，他创作的《蒙娜丽莎》历经了四年，《最后的晚餐》画了三年，还因此破坏了与客户之间的友好关系。最终，达·芬奇的传世画作不超过20幅，并且其中有五六幅在他去世时还压在手中没有交付。直到达·芬奇去世两百年后，他的那些有关绘画的手稿才被后人整理成册，其中很多关于科学方面的实践至今仍隐藏在手稿中，成为天才的遗憾。达·芬奇本人也因此而苦恼，在一则笔记中他这样写道："告诉我，告诉我，有哪样事情到底是完成了的？"

可见，达·芬奇也是拖延症的受害者之一，他涉足的领域太多，导致在每个领域都有所成就，但都不够精、专，甚至是在他的本职——绘画领域中，他也表现出了拖延行为。从他的话中，可以看出他为此而感到深深的苦恼，而因此造成的挫败感和现在很多年轻人饱受拖延的困扰而造成的挫败感相同。

拖延造成的挫败，只要努力就够吗

我们身边可能都会有这样的朋友：他们给自己设定了目标并付出了努力，却没有达到想要的成绩。这时他们总会有各种理由安慰自己受到挫折的心灵，然后背上行囊重新出发。可是，他们不会去想自己为什么没有得到理想的成绩，也不会想下次应该怎么做。只会想下次更努力些就行了，而且总是很乐观的样子。

我有一个朋友，暂且称呼她为小A。她告诉我，她准备三战考研。这就意味着她已经参加过两次研究生考试了，最后都以失败告终。第一次失败的时候，她说："我这不是不清楚重点考试的书目是什么嘛！"第二次失败的时候，她又说："之前复习的方法不对，不想给自己留遗憾，准备再考一次。"

曾经她就告诉过我，在她复习的过程中总是看不进去书。只要一看到自己不懂的地方，心里就很难受而且很焦虑，想着先记着，到最后再一起解决。所以她每次看见不懂的地方就会放在一边，有时候还趁此机会玩儿手机、看短视频、刷微博，时间一下就过去了。久而久之，堆积的不懂的地方越来越多，距离考试的时间越来越短。临近考试了，她发现其他人复习的进度都比自己快，挫败感油然而生，更加没有心思复习了。

我问她，你有想过或许这次还是考不上吗？如果考上了，这条路适合你吗？（事实上我指的是，小A平时就不喜欢写文章，而且偏爱安稳。）即使考上了，硕士论文怎么办？你是真的想好走这条路了吗？小A说："我也不想给自己留遗憾啊，我还是要考。"

谁都不喜欢挫败的感觉，也没有谁想承认是因为自己能力不足而导致失败。可是分析造成挫败的原因时，他们总是忽略自己的拖延问题，没有正视真正的罪魁祸首。总是自我安慰：只要我足够努力，最终就一定会成功的。

拖延之后陷入无限的自我怀疑

拖延的习惯总是会被我们忽略，但是它确实给我们带来了很多危害，其中就包括让拖延者陷入无限的自我怀疑之中。因为拖延会使我们本应该按时完成的任务无法好好完成，长期如此，会让拖延者本人开始认为是自己出了问题，继而影响自己的内心，慢慢地就会不自信，陷入自我怀疑的深渊。

小芸是刚毕业的大学生，一毕业就被一家上市公司录取了，工作半年后，她被领导安排去指导筹办一场活动。小芸有拖延的习惯，这场活动要定制一批设备，她需要亲自坐两个小时地铁到郊区的两家厂家看设备。由于筹办活动的准备工作太多了，她就想着把这件麻烦的事情拖一拖，结果就拖到了活动举办的前一个月，小芸才慢腾腾地来到了郊区。可是物美价廉的那家厂家因为订单太多，无法在一个月内交货，小芸只能选择另一家价格比较高、质量又比较差的厂家。最后，这家厂家在距离活动举办前只有三天时才交货，小芸来不及质检，却没想到设备有严重的质量问题，导致活动草草收场。

这件事情过后，老板没有批评小芸，只是告诉她以后做事要计划好时间。但是，小芸对自己的表现十分不满，甚至觉得自己很无能，认为自己什么都做不好。后来，老板几次想让她筹办活动，她都以各种理由拒绝了。最后，公司把她辞退了。

小芸一毕业就被上市公司录用了，说明她的能力不差。但是她因为拖延，导致第一次筹办活动没有成功，结果她就开始对自己的能力产生怀疑，不再相信自己可以筹办好一场活动。于是每次有活动要筹办的时候，她就会拖延，也不会尝试努力去筹办。最后的结果就是无法成长，无法给公司带来利益，被公司开除了。

从产生怀疑自己的念头开始，就注定了小芸会走向自卑。自卑的人都有一个显著的特点：就是不相信自己，不管什么时候对自己总是持怀疑和不确定的态度。如果自己对某一件事情的答案与别人的答案不一样，他们首先就会否定自己的答案，认为别人的答案是正确的。长此以往，能力再强的人也会被淹没，甚至还会被人看作是没有能力或能力低下的人。因此，面对一些事情的时候他们就不会主动去解决，而是选择拖延或者跟风。

“决策恐惧症”潜藏在我们身边

如果一个人染上了拖延的习惯，最终的结果就是会两手空空，无法肩负重大责任，更成不了大事。因为这种习惯很容易让机会溜掉，白白将眼前的机会“假手于人”！更可怜的是那些摇摆不定、犹豫不决的人，一旦遇到让他们做决策的时候，就总是第一时间问其他人的看法，找其他人商量。这种有“决策恐惧症”的人，既很难成就自我，又很难委以重任被他人所信赖。

有些人的“拖延症”已经严重到无药可救的地步了。他们不敢做任何决定，不敢担负所做决定背后的责任。这些人之所以这样，是因为他们无法预测事情的结果到底是怎样的——是好还是坏，是凶还是吉。他们经常怀疑自己的判断，不敢相信自己做出的决定，更不相信自己有解决重要事情的能力。因为有“决策恐惧症”，所以很多人都把自己美好的想法湮没在脑海里了。

犹豫不决造成的决策恐惧症

很多事情都存在不确定性，而不确定性又会引起困惑、忧虑、怀疑和犹豫。如果你对不确定性没有容忍之心，总是夸大事情的糟糕状况，或者总是第一时间把事情的结果往坏处想，那么拖延就如要冲出牢笼的猛兽，跃跃欲试。主要存在以下四种情况：

1. 错觉：错觉是一种感性感官出来的不理性结果，也就是自己的直觉加错误理解得出的结果，它的对立面是理性选择和明智决定。比如，你对一件事情的不确定性没有任何掌控能力，这是自卑错觉；你认为根据自己的经验猜测出来的是事实，就会陷入理解的错觉，而且越是不确定的情况，人们往往越会更加武断。你可以根据事实结果来辨别自己是否存在错觉，然后通过回想整件事情问自己一些问题，比如："我做决定之前是有事实作为依据的吗？"

2. 过度相信感觉：当在陌生的环境中需要你做决定时，通常会根据以往的经验、常识并结合所处环境、有选择地尝试等方式做出决定。但这种模式有很多不足，比如，一般我们都会认为直视眼睛是真诚的表现，但一些习惯性说谎者也会直视你的眼睛，反而自卑、害羞的人不会直视你的眼睛，因此在不了解的情况下就容易做错错误的判断。

3. 忧虑：当你处于忧虑、焦虑的情况时，对不确定性的容忍更是难以忍受，在脑中就会无限遐想各种可能发生的危害。

4. 完美和模棱两可：当要做决定的时候，你总是很容易在反复权衡中将自己置身于拖延的犹豫不决中。而且一旦你无法忍受这种煎熬，就很容易因冲动而做出决定。

"决策恐惧症"往往导致两手空空

我们时常都会站在选择的十字路口，在选择中前进，在前进中选择。选择题是人生的必做题，我们每时每刻都会面临不同的选择。选择难吗？说难也不难，说不难也难，就看我们怎么去对待了。

有一个妇人，她是一个具有"决策恐惧症"的人，做任何事都犹豫不决。当她想买一样东西的时候，就会把全城销售那样东西的商场跑个遍。有一次，她决定买一个包，当她走进商场时，便会从这个商店跑到另一个商店，然后从柜台上把包拿起来仔细端详，里里外外都会认真地看一遍。心中不知道喜欢的究竟是什么、不喜欢的究竟是什么，最后也不知道买哪一个好。除此之外，她还会向商店的工作人员问各种问题，有时问了一遍又一遍，弄得店员都烦了。结果，她跑遍全城也没有买到自己喜欢的包，两手空空地回家了。

犹豫不决和拖延对一个人来说，真是一个致命的弱点。具有这两种性格弱点的人，通常都是缺乏毅力的人。而且做事犹豫不决和拖延，往往会让一个人丧失自信心，也会影响一个人的判断力，还会使一个人的精神能力大大降低。果断决策的能力与一个人的才能有着密切的关系。如果一个人没有果断的决策能力，那他就会像一只在海上漂浮的船帆，找不到方向、不知道终点，却仍然要承受着巨大的风浪，随波逐流。

产生“决策恐惧症”的四种可能性

很多人在要做决定的时候，总是不知道该如何是好。思来想去、抓耳挠腮，时间就这样一分一秒地流逝了。产生“决策恐惧症”的原因主要有四种。

第一种是决策意愿不足。在你为是否做某件事而再三思考的时候，可能说明这件事在你心中没有很大的分量，也可能是对现在的你来说是不重要的或者是不着急的事情，所以就不急于做决定。往往会因为这样，使决策者在做与不做之间徘徊不定。

第二种就是决策能力不足。我们每天都会面临不同的选择，有简单的，比如中午吃什么饭？今天穿什么衣服？这些都可以在短时间内做出决定。然而也会面临复杂的，只靠你的“第一直觉”或者简单列举理由是很难做出最优决策的。甚至会面临一些远远超出你决策能力的事情，于是你就会选择用拖延来面对。

第三种是逃避做决策以后应承担的责任。有很多人为了逃避做出选择以后应承担的责任，往往会尽力拖延做决断的时间，久而久之就会养成拖延的习惯。有时候，他们还会等其他人帮助自己做出选择，或许是亲人朋友，也或者是陌生人。一旦选择产生了一个好结果，他们就会欣然接受；如果导致了一个不好的结果，他们就会把责任推到真正做决策的人身上。

第四种是过度追求完美。因为追求完美而导致“决策恐惧症”的人，往往做什么事都不允许有瑕疵，很容易在选择过程中花费过多的时间。

REFUSE TO DELAY

第四章

消除惰性，是对抗拖延的第一步

实际上人性是非常脆弱的，而且禁受不住外界的诱惑。安逸的生活是每个人都向往的人间天堂，可一旦沉浸在这种享受的生活中，人们就容易变得不求上进，只贪图眼前的安逸，堕落到拖延的深渊。因此，我们很多时候要提防的不是什么艰难险阻，而是安逸。因此，消除拖延就要从抗击自身的惰性开始。

克服懒惰是战胜拖延的前提

虽然我们每个人都立志要做一个每天被梦想叫醒的年轻人，而不是被闹钟叫醒的年轻人，但是在工作日的早上，你是否有过在被闹钟叫醒以后为了多睡会儿而将闹钟关上，导致上班迟到呢？在工作上，你是否是不到最后一刻就不去完成呢？你是否会觉得：没关系，还有时间，我明天再做吧，结果一直用很多个“明天做”，使该完成的任务一直拖，在拖延的整个过程中，你就不得不忍受因为拖延而带来的不安情绪呢？

人都是有惰性的，特别是在遇到不想做的事情或者是有难度的事情时，只有勤奋的人才可能取得成就，懒惰的人是没有什么希望的，因为不劳而获的人生是不存在的。比尔·盖茨说：“凡是将应该做的事拖延而不马上去做，却想留到将来再做的人总是弱者。”这句话说得很对，因为如果在遇到问题的时候就有退缩的想法，偷懒并选择放任自流，总期待明天再做，那么拖延也就随之而来了。所以大家要克服懒惰，行动起来，做一个成功的人。

什么时候会出现懒惰

懒惰是指一个人在工作、学习、生活等各方面不思进取，对什么事情都懒懒散散、没有积极性，该做的事情不做，不懂得超越自我。其实，与其说一个人懒惰，倒不如说这个人具有懒惰心理，那么，一个人的懒惰心理是怎么来的呢？

懒惰出现的主要原因之一是心理疲劳。当人长期重复地做同一件工作的时候，就会很快感到无聊、乏味和厌倦。因为他们对这件工作已经没有了刚开始的新鲜感，在这个时候就会出现心理疲劳。而现在人们所处的社会每时每刻都在变化着，更会凸显出重复工作的无聊。我们也会经常说“太阳每天都是新的”，即使人们每天做着相同的工作，这种工作对他们来说也应该是新的。那为什么人们对这种变化却没有一点儿感受，而是感到心理疲劳呢？这是因为人们的感受力相对来说是比较迟钝的，是很难感受到事物的一些细微变化的。

造成人感受迟钝的其中一个原因是人的身心受创从而产生的潜意识。另一个是因为教育的局限性，人们的潜意识中会有“不要这样做”“停在这里”“这样就很好，不用改变”等具有否定意义的词汇来安抚自己不用做。这样的潜意识会使人们的思维和行动停留在一个地方，不去想新的东西，使人们没有斗志，懒得思考。综上所述，懒散其实就是人们脑中各种稀奇古怪的潜意识综合作用的结果。

懒惰有哪方面的表现

懒惰的表现主要有两个方面，一个是思想方面，另一个是行动方面。

1. 思想：懒惰的人经常会想还有很多时间，总有“明日复明日”的想法环绕在脑中。明知道这件事应该在今天完成，却总是推迟到明天，期待着明天去做。比如：具有懒惰心理的人在做今天需要完成的作业或者工作时，经常会有各种理由拖拖拉拉、边玩儿边做。时间过去了一大半，可是应该完成的任务只刚开了个头，时间越来越晚，就想着明天早点儿起床完成。第二天又因为想多睡会儿起晚了，上班之后又有了新的任务。这样日子一天天、一月月、一年年地过去，工作效果可想而知。

懒惰的人通常都有依赖别人的思想，工作上喜欢依赖领导或者同事，心里想反正我不做还有别人做。这种依赖别人的懒惰心理只会让你的能力减退，大脑不想运转，思维也就会越来越迟钝。

2. 行动：思想懒惰必然会导致行动上的懒惰。懒惰的人心里也很清楚这件事是应该做的，甚至是应该马上做的，却不见有行动。做事情的时候也没有一点儿精神，整个人松松垮垮、拖拖拉拉，做事不积极、不勤奋、别人说做什么就做什么，多一点儿都不会做。

克服懒惰战胜拖延的几点建议

每个人或多或少都有一些惰性，我们都非常清楚懒惰和拖延是十分不好的事情，但是这两个习惯总是能够战胜我们的意志，霸占我们的内心。一旦被这两个恶习打败，整个人就很容易消沉、萎靡不振。下面介绍几点实用的建议，帮助你克服懒惰，战胜拖延。

1. 给自己制订一个计划表，需要清楚地列出要通过哪些具体的事情和措施改变自己的懒惰和拖延。一个科学、可行的计划表是十分重要的，这个是首先必须做的事情。

2. 制订好这份计划表之后，接下来要做的事情就是严格执行，比如每天要做哪些事情、每个时间段要做什么。不需要太多，也不需要给自己太大的压力，只要按照计划一步一步地做就好。这个计划表列举的事情可以是一周或一个月的计划，把需要完成的目标和需要做的事情都写出来。

3. 懒惰的改变可以从每天早上开始，比如平时每天早上是八点半起床，现在就要八点起床，实在不行可以提前 15 分钟，只要每天有小小的进步就一个好的开始。平时是十二点之后睡觉，从现在开始就要十一点半之前不再玩儿手机，强制自己睡觉。

4. 拖延的改变需要明白自己要做的事情的轻重缓急，可以将自己要做的事情分别列在四个象限内，根据轻重缓急安排要做的事情的先后顺序。要知道时间宝贵，不拖沓一分一秒，要知道克服懒惰之后的喜悦，用这些来鞭策、提醒自己，体会到完成一件事情的快感。

5. 都说养成一个习惯需要 21 天的坚持，所以克服懒惰和拖延最重要的就是要懂得坚持。人们经常说“坚持到底就是胜利”，要知道时间是最好的良药，也是最好的证人。只要坚持，在潜移默化中就会影响自己，使自己成为一个勤劳向上的人。

6. 一开始，改变懒惰和拖延是非常难的事情，所以要先从简单的事情开始，从身边的小事开始。除了早睡早起之外，比如早起叠被子、每天早上简单地做个早餐、每天背十个英语单词等。换言之就是今日事今日毕，只有养成这样的习惯，才会把懒惰和拖延赶得远远的。

7. 通常懒惰和拖延的人自制力都不强，所以身边要有个可以监督、督促自己的人或物，才不至于放纵自己。这个人可以是自己的父母、伴侣，也可以是孩子。这样既改掉了自己的懒惰和拖延，也能和他人一同成长；也可以是计划表，每天晚上把今天做的事情总结一下。

意志坚强的人能够自觉克服惰性，意志力弱的人则往往会沦为惰性的奴隶。这就使两者形成了鲜明的对比，前者精神饱满、情绪高昂；后者无精打采、情绪消极。克服惰性当然需要有远大的生活目标，但是更要注重从身边的小事做起，充分利用每天的每分每秒。

主动走出“思维舒适区”，又是一片新天地

创造力的本质是思维能力，当你在外界得到足够的信息并将其存储到大脑中之后，你的潜意识就会替你工作。不管你处在何种状态，睡觉也好、走路也好、工作也好，你从外界摄取的信息都会在大脑中发生碰撞，产生化学反应，最终蹦出一个想法或得出某种结论。

如果总是处在舒适区的话，思维就会产生惰性，你曾经迫切追求的梦想、奋斗的目标就会在舒适区中被磨灭。面对任何事情都懒得思考，思维能力也就越来越迟钝，同时也会抑制你的潜能。如果想要发展得更好，就必须逼迫自己思考，走出舒适的框架。我们都知道，突破有多难，就会有多痛苦，同时也需要很大的勇气去坚持。但只要迈出第一步，就意味着有新的事情要发生，你正朝着新的希望前进。成长的道路就是不断地突破和新生。

现在的你处于“思维舒适区”吗

众所周知，懒惰不仅有行为上的偷懒和拖拉，还有思想上的慵懒。在工作中，当受到过大的外部压力时，人往往会失去焦虑感；当所处的环境过于恶劣时，人们也就没有了反抗的欲望。这个时候，人的思维很容易走向自我安慰和任由外界如何改变，自己就是无动于衷的“舒适区”。虽然有很多需要解决的事情，但思想上却不再积极进取，不再主动、努力地寻找解决办法，而是安之若素，处之泰然。大部分时间都是假装自己很忙的样子，其实自己很享受这种不思进取的“舒适”和“安逸”，这就表示你的思维已经滑向了“舒适区”。

从心理学的角度来讲，“舒适区”是指一个人的心理活动与行为习惯符合自己的常规模式，人们在这种模式下会感到很舒适。因为在这种状态中，人们能最大限度地减少外界带来的压力和风险。在这个区域里，人们都会觉得放松、稳定，对发生的事情都能够掌控，在心理上能够获得一种安全感。这样一来心中就不会有焦虑，同时自身也不会有很大的压力，并从中获得一种幸福感。而一旦走出这个舒适区，人就会非常不适应，甚至会对这样的改变有抵触心理。

虽然“舒适区”有诸多好处，而且很多人也都向往这样的“舒适区”，但是这只是表面上的好处，背后隐藏的害处才是我们真正要注意的。一旦处在“舒适区”，它就会使你在不知不觉中走向下滑路，贪图享受，向往安逸，放弃追求，对新鲜事物失去好奇心。长期如此，必然会在拖延的深渊中越陷越深，无法自拔。最后在激烈的职场竞争中被淘汰出局。

主动走出自己的“思维舒适区”

在日常生活和工作中，人们很容易在一个环境中沉迷，而且也很享受这种舒适。因为待在自己熟悉的“舒适区”，做自己擅长的工作，会让他们感到安心，而面对新鲜事物，他们首先想到的就是拒绝。

张巍大学毕业后进入了一家小软件公司做编程员，因为张巍在大学期间选修的是计算机，所以一般的编程张巍都能够做好。慢慢地，张巍从一个新手变成了一个老手。转眼之间四年过去了，张巍在工作上积累了很多经验，但是因为公司规模不大，人事管理方面存在着诸多问题，已经是老员工的张巍在公司里依然是普通编程员，福利待遇方面也没有很大的提高。即使这样，张巍也没有一点儿危机感和焦虑，反而很享受这样的“舒适区”。

两年又过去了，张巍依然没有做什么改变，工作没有了激情，也缺乏跳槽的勇气，每天就按部就班地上下班。因为在他看来，无论是辞职还是转行，都有不可预知的风险。

如果张巍每天不思进取，依然选择留在“舒适区”，享受“温柔乡”，那么他的职业道路的未来是可以预见的。每天混日子，直到离开公司。但是幸运的是，他成功走出了“舒适区”。

张巍的一个朋友对现代营销很感兴趣，在了解到张巍的工作情况之后就劝他与自己一块儿从事营销的工作。张巍经过再三考虑，决定赌一把，同意了朋友的建议，向公司递上了辞呈，开始了新的工作生涯。他首先跟朋友一起参加了为其两个月的营销专业培训，然后迈进了新的行业，也就是销售金融类产品。

职业环境的改变让张巍的内心多了几分担忧，但同时也给他带来了很大的期待。既然进入了投资领域，他就想成为一名优秀的职业投资人，那就要付出更多努力。在焦虑、不安、期待实现梦想等各种心理的作用和刺激下，张巍全心全意工作，充满激情。果然，“世上无难事，只要肯攀登”，在两年的时间内，张巍的口才得到了很大提升，并被一家金融投资机构邀请，成了一名首席客户经理。

张巍的成功在于他成功走出了“舒适区”，并在复杂的社会上努力锻炼自己，不怕艰难，勇于挑战自己。就好比一个雕像，只有经过千锤百炼、细细雕刻，才能达到精致的模样。只要敢于走出“舒适区”，摆脱慵懒、改掉拖延，对自己来说一切都不算晚。

要想事业发展，得靠这种感觉

作家太宰治在书中这样写道："日日重复同样的事情，遵循着与昨日相同的惯例，若能避开猛烈的狂喜，自然也不会有悲痛的来袭。"然而拒绝了大悲大喜，也就拒绝了生活的很多选择，拒绝了生活的其他可能性，这样的人生不会留下遗憾吗？为了自己，为了体验世界给自己带来的震撼，为了更热爱生活，要跳出"舒适区"。只有这样才会有更多的选择权，才能主宰自己的人生。就算是跳进了一个坑里，也要坚强地爬出来，从容地做自己。

中国女排教练郎平，在还是中国女排运动员的时候，就与美国选手海曼、古巴选手路易斯并称为20世纪80年代的世界女排"三大主攻手"。1986年，她退役后，马上就得到了北京体委副主任的职位，这意味着经济富裕，生活稳定，只要按照体制做就好了，但是生活也会因此变得无趣。于是郎平放弃了安稳的生活，选择去美国进修现代体育管理。

刚开始她选择在洛杉矶，因为没有经济来源，不得不依靠朋友的帮助。之后她意识到自己来美国是学习新东西的，于是毅然去了新墨西哥州，离开了朋友们舒服的庇护。在新墨西哥大学，她一边学习现代体育管理，一边在学校当助教。她为了跳出舒适区，独自面对挑战，去适应、克服。这样做的结果使她的英语口语得到了很大的进步，还受到了很多国际俱乐部的邀请，最终她带领美国队夺得了奥运会银牌，在美国买了房子和车。她说："正是这八年的海外经历，历练了我的心智。"

1995年，中国女排陷入低谷，她选择回国执教。回国也就意味着她在美国平静的生活被打破了，但是郎平说："生活中有很多东西是不能用金钱来衡量的。如果能让女排从低谷中走出来，也是对我自身价值的挑战。”那个时候，每带领队伍参加一次比赛，就是一次挑战。这样的煎熬是难以想象的，但是在“铁榔头”郎平身上只能看见她勇往直前的胆量，没有一丝畏惧。最终在2016年，她带领女排夺得了奥运会冠军。

在选择出国的时候，郎平就选择了跳出“舒适区”迎接挑战。再次回国时，仍然是跳出“舒适区”迎接更艰难的挑战。每次在她眼前都有一条安稳的路，但她最终都会选择挑战自己，选择不甘平庸的人生，创造辉煌。

人生的开始就是在走出“思维舒适区”的那一刹那。如果不甘心平庸地度过一生，不想做井底之蛙，那你就要试着相信自己未来能够飞到天上去，从现在开始改变，一步步向上跳。

思维别犯懒，行动就不会拖延

长时间待在一个环境中，你就会对周遭的环境越来越熟悉，越来越适应，就像温水煮青蛙，对环境的改变完全意识不到了。终有一天危机来临时，只剩下手足无措的你在风中迷茫。没有思考的生活是没有灵魂的，如同行尸走肉。要时刻提醒自己、反思自己，别让今天的懒成为未来的难。只要不断学习新的东西，努力成长，未来就一定会往好的方向发展。

思想支配行动，有什么样的思想就会有什么样的行动。生活中有些人意气风发、精神抖擞、敢想敢做，在前进的道路上无所畏惧、勇往直前。而有些人思维容易犯懒，然后在懒惰中苟延残喘、奄奄一息，抱着“当一天和尚撞一天钟”的心态度日。还有一些人一开始会犯懒，但是他们能够及时止损，反省自身的问题，让自己从懒惰和拖延中抽离出来，防止自己越陷越深。这些都是在不同的思想作用下产生的不同结果。

思维犯懒的几种表现

一部电视剧中有这样的一句台词：“没有做不成的事，只有做不成事的人。”这句话不无道理，只要我们有信心，再加上正确的方法和努力，就算现在的你还不能做好，但是只要不停止前进，那么就会有能够做好的一天。如果你连努力都没有尝试，就已经放弃了，那就别想做好一件事了。生活如此，工作如此，人生亦如此。

但是恰恰有很多人经常会忽略思维上的勤奋，并通过肢体上的勤奋来弥补。简单地说，凡是在一件事情上犯下两次以上错误的人或者是有拖延症的人，都是典型的思维犯懒。接下来就以销售员为例，总结一些思维犯懒的几种表现。

1. 对客户说的每一句话都不愿深入思考。销售员在与客户交谈的时候，对客户说的每一句话都应该进行认真的分析和思考，甚至连客户的肢体语言和面部表情都不能放过。只有掌握足够的信息，对获取的信息进行梳理，找出问题的关键，做好充足的准备，才可能拿下客户。

2. 谈不下客户也不愿意思考问题。客户既然愿意与你交流，就说明他有购买产品的想法，价格又合适，但迟迟不下单。问题出在哪儿？是还在对比其他商家的产品？还是自己没有向客户表达清楚？问题根源在哪儿？这些都是需要进行反思的。

3. 思维惯性。打破自己的思维惯性，对别人的反对和意见学会接纳并思考，尝试用对方的思维逻辑进行思考。尝试去理解一些自己不能接受的事情和“不合理”的事情。打破思维惯性，自我反省，就是思维的自我检修。

4. 放弃独立思考。对具有权威性的信息我们都是不假思索、不加甄别地采纳的，自己的思想已经完全被引导，这是最危险的情况。放弃独立思考就意味着放弃表达自我，而独立思考则可以最大限度地使我们减少迷茫。

5. 没有格局观。人们经常把这句话挂在嘴边：“要做正确的事，不要做好事。”实际上就是在强调一个人的格局观。格局就是要用长远的发展眼光看待事情，从各个方面分析问题，分析做这件事情对整个局势的发展有什么影响。没有格局观的人，道德很容易成为他们的挡箭牌。

6. 故步自封。认为自己已经很优秀了，对新鲜事物和时代的发展视而不见，依旧沉浸在自己的旧世界。不懂得创新，也不想创新。

7. 对知识漏洞的容忍。即使遇到不懂的事情也不会主动去问，没有想了解的好奇心。比如，看书的时候有时会遇到自己不认识的字，很多人就会直接混过去，而不会去查这个字怎么读、意思是什么。

思维活跃才能迎来新的胜利

思想不同，思想引导下的行动也会不同，人生也就会不相同。如果人的思想开始拖延了、犯懒了，行动自然也就跟着犯懒了。相反，如果思维活跃，那么行动也会随之积极、勤劳，成功的概率自然也就高了。

文丽是浙江温州人，当很多国外厂商把制造类业务外包给国内沿海地区的工厂时，文丽便成立了自己的服装加工作坊。两年以后，她的工作坊开始盈利，第三年年末时，家庭式的加工作坊逐渐被淘汰，取而代之的是现代化制造工厂，于是文丽决定转型。在转型过程中，因为实力有限，很多像文丽这样的服装外贸加工作坊纷纷倒闭，文丽也面临着很大的难题，比如客户大量流失。但她没有像其他作坊一样遣散员工、关闭企业，而是开动脑筋，积极寻找对策。即使订单不足，她也没有开除任何一个员工，而是对员工进行分批培训。文丽自己也出去参观学习，学习管理经验，积极向现代化企业转型。

在文丽以攻为守、以进为退的策略下，她的作坊最终向现代化企业转型成功。技术上，她的企业相较之前有了很大的提高，已经接近了高水准；管理上，注重引进现代化的管理理念，符合现在的企业发展。

活跃的思维引导文丽积极应对困境，最终拯救了一个处在困境中的企业。如果文丽没有活跃思维，也没有进行逆向思考，采取以攻为守、以退为进的策略，或许她也会成为众多关闭企业中的一家。从这个事例我们可以看出，活跃思维是多么重要。

最好的防守是进攻

虽然在生活中我们总是会遇到很多困难，但是我们一定不要在困难面前退缩、破罐子破摔，犯懒、拖延是想都不能想的，因为这样的话问题依然得不到解决。“最好的防守就是进攻”，只有活跃思维，才能冲出困境，行动才会积极，也就能找到解决问题的突破口了。

晓鸥家境殷实，父亲是有名的律师，母亲是市文化馆的馆长，晓鸥本人乖巧可爱，且有艺术天赋。从小在母亲的熏陶和教育下，晓鸥多才多艺，梦想着成为一名主持人。但是最终晓鸥的梦想也只能是梦想，问题出在哪儿呢？原来，虽然晓鸥口齿伶俐、多才多艺，却很骄傲，不愿意主动出去寻找实现梦想的机会，只是一味地等着机会来敲门。但是机会始终没有来，而晓鸥依然在家等着，直到梦想破灭。

跟晓鸥一样梦想成为一名优秀主持人的姑娘还有丁兰，她虽然没有殷实的经济基础，也没有傲人的艺术天赋，但是她肯开动脑筋，白天认真上课，晚上勤工俭学。毕业之后，没有等待机会，而是自己主动出击，四处求职也不忘记学习。只要有招聘会就有丁兰的身影，经受了一次次的失败也不气馁、不放弃、不退缩，而是越挫越勇。终于上天不负有心人，丁兰成功进入一家外省电视台工作，成了一名主持人助力。两年之后，丁兰因出色表现得到了台里的提拔，正式成为电视台的签约主持人。

晓鸥选择等待机会，将实现梦想的行为一拖再拖，结果梦想破灭了。而丁兰为实现梦想选择主动出击，积极思考、思维活跃、寻找机会，最终梦想实现。在活跃思维方面要全方面、多角度地进行思考，遇事举一反三，或许就能够得到不一样的收获。

摒弃三分钟热度，拾起顽强毅力

随着现在生活的丰富多彩，人们喜欢的事情也越来越多，能够做的事情也越来越多，诱惑也越来越多，因此很容易出现对一件事三分钟热度，随即又将其抛之脑后的现象。三分钟热度是因为一个人思维太浅，没有从所关注的事情中得到乐趣，而只是体会到了一些快感。快感是转瞬即逝的，很容易消失，一旦消失之后，人的兴趣也就会发生改变了。

为了摒弃三分钟热度，让自己能够持续关注某件事物，必须培养自己的毅力。毅力是很多成功者必备的品质，它是很多心理因素共同影响的结果，包括自信心、坚定的信念、明确的目标、对一件事的渴望、合理的计划、有效的行动、人生观等，这也是一个人行为习惯的结果。任何一个环节掉链子，都会影响毅力。而一个人毅力的强弱是决定成功与否的重要因素。

做事总是三分钟热度

相信很多人都给自己做过计划，可为什么做好的计划总是不善而终呢？做计划的时候总是信心满满、兴奋不已，执行计划的时候却总是唉声叹气、纵容自己，最后只能是让计划成为泡沫。你还是原来的你，一切依然照旧。接下来讲个小故事，从这个故事中可以看出，在面对生活中明确的目标时我们是如何、心猿意马、犹豫不决，最后丧失目标的。

故事的主人公是你，在故事中你是一名普通的上班族，现在的你备受上司的折磨，在工作上提不起精神，时常感到疲倦且工作停滞不前，因此你正在考虑换一份工作。经过几周的寻找，你终于发现一份符合自己期望的、能够实现自我价值的工作，于是得到这份工作变成了你近期的目标。

可是你现在从事的工作总是很忙碌，让你应接不暇，不过收入还可以。除此之外你还要照顾家庭及其他琐事，甚至都没有时间关注理财方面的消息。所以你对自己说："现在这么忙，什么时候才能有空闲时间更新履历、重新开始呢？”这时候你又想起了很久以前就想学的一门乐器，同样也需要花费大量的时间去学习和练习。这样一来，你一直都没有时间去赴一场工作面试。

几个月之后，你已经忘记了当初要换工作的想法，而是把心思放在了计划学琴上面，希望自己在工作之余能够受到音乐的熏陶，沉浸在美妙的音符中。你对自己说：“这也是个不错的选择。”

不巧的是，你的这个美梦被生活的琐事打破了，你并没有开始练琴。然后你又觉得生活缺少了什么，又发现了新的目标，开始计划在未来的某一天达成这个目标。随着时间的推移，你的计划目标就这样不断地变化着。半年之后，你的计划变来变去，你发现又变到了计划换一份工作的目标上。只是这些计划全都停留在想法上，你从来没有认真地努力、付出过。

从上面的故事中可以发现，之所以容易出现三分钟热度，主要是因为我们对计划实现的目标没有承诺和履行，只是停留在有想法的阶段。生活中很多人喜欢设置目标，但是真正做到的人却少之又少。

专心致志地做一件事

专注做一件事并不容易，它不仅是一种勤奋的思维状态，它也会消耗一个人的体力。甚至可以认为能够专注做一件事的人并不存在能力上的不足，因为专心做一件事带给人的能量是无法估量的。

“书圣”王羲之是东晋时期著名的书法家，他一直都在专心做一件事：钻研书法。有一次，王羲之在认真练习写字，丫头端来馒头和蒜汁放到了他的身边他都没有发现。丫头嘱咐先生不要放太久，免得饿着自己。然而王羲之依然专心致志地写字，于是丫头就跑去找夫人，把这个情况转告给了夫人。

夫人知道后非常担心丈夫为了练习写字而茶不思、饭不想，最后伤了身子，于是前去劝说，谁知道这个时候的王羲之正用馒头蘸着墨汁吃得津津有味呢。夫人和丫头看到此景哈哈大笑，丫头便问："先生，您有没有觉得今日的馒头与往日的有什么不同？"王羲之把手中的笔放下，认真地说道："今日的酱汁似乎美味了不少。"原来，专心写字的王羲之并没有发现自己蘸的酱汁是墨汁。

夫人赶忙从王羲之手中夺过馒头，心疼地说："你的字写得已经那么好看了，为什么还要这么刻苦练习呢？"王羲之说："我的字都是模仿他人的，现在我要创造属于自己风格的字。"经过长时间专心、刻苦的练习，王羲之终于如愿以偿。

专注在一件事情上，并把这件事做到极致，你就是成功的。王羲之并没有将自己的目标只停留在模仿他人字迹的程度上，而是选择创造自己的风格，不断突破。在生活中，我们只需要专注一件事，如果这件事是经过深思熟虑之后决定的，那么就需要投入专注，付出努力，摒弃三分钟热度，坚持实现目标。

如何培养毅力

毅力的培养主要是心理因素的一种改变，可以从以下几个方面进行：

1. 坚定的信念。对事业有一定的信心，面对眼前的困难、失败、挫折不退缩，相信自己能够克服困难，走出眼前的黑暗。

2. 实现目标的强烈愿望。愿望的强弱会影响一个人的毅力，愿望太弱，很容易被生活淹没，强烈的愿望则可以战胜生活的风浪，支撑你前行。因此，顽强的毅力离不开强烈愿望的支撑。

3. 明确的目标。有明确的目标才会有行动的方向，这样才会对你产生强大的吸引力，避免分散自己的注意力。在做一件事情之前，一定要先明白这件事情的价值。只有价值大，并且有长远价值的事情，才会让你对这个目标保有热情，从而有更强的毅力。

4. 有组织的合理计划。只有有计划了，人们才不会像无头苍蝇一样没有方向，才会知道应该如何实施，做到心中有数，这样才能提高效率，进而更有信心。

5. 积极的行动。有了计划，就要跟上积极的行动。就好比登山，只有积极攀登，才会更快地征服山顶，一览高处的风景。只有行动了，才会离目标越来越近，也就会增加坚持下去的决心，同时也会产生更强的毅力。

6. 克服消极心理。很多人容易产生消极心理，比如想做一件事却总是害怕别人的批评，担心自己做不好。这些消极心理都是打击毅力的铁锤，使人们对目标就没有坚持下去的动力，也就不会投入时间、金钱、精力了，甚至会直接放弃。因此要克服消极心理，要跟赞同自己的朋友联盟，这样才能够给自己带来鼓励，激发对目标的热情，从而产生毅力实现自己的目标。

REFUSE TO DELAY

第五章

自控能力越强，拖延症就越弱

拖延就好像一个弹簧，你强它就弱，你弱它就强。为了不让拖延越来越猖狂，你就要变得更强。怎样变强呢？那就是增强内心的自我意识，收回注意力，学会用逆向思维思考……总而言之，就是增强自控能力，只有对自己严格要求，才能彻底将拖延从自己身体内赶出去。

构建强大内心，培养积极的自我意识

“人贵有自知之明”，这句话表明了一个人了解自己的重要性，全面且正确地认识自己是培养健全的自我意识的基础。认清自己是建立在多方面的基础之上的，既有自我评价，也需要他人的认识和评价。你可以认真想一下，然后用尽可能多且忠于内心的形容词描述自己，在此基础上进行他观的自我描述，描述父母眼中的我，同事眼中的我……从这些描述中找出共同的品质，进行分类。描述的维度越多，就越能正确地认清自我。

自我意识是人们对自己身心活动的觉察和认知，具体包括认识自己的生理状况、心理变化、性格特征以及与他人的关系等全方位的认识。不仅是人脑对自身的反馈和意识有影响，自身所处的环境也有很大影响，所以自我意识并不是一成不变的。

认清自我意识的影响

全面正确地认清自己是自我意识的前提，它是一种多维度、多层次的心理现象。通常自我意识包括自我认识、自我体验、自我调节三个层次的心理成分。换句话说，自我意识就是一个人对自己的思想素质、能力水平、情感行为、与人交往和性格特点等各方面的认识、评价和调节。

当我们来到一个陌生的环境或者面对不确定的事情时，对将要发生的事情通常会产生恐慌、焦虑的心理，进而陷入烦躁不安的状态中，并消极情绪对待。如果这种情绪一直没有得到改善，最终就会使人产生抵触心理，然后通过逃避、拖延等方式宣泄烦躁、焦虑的情绪。

在面对一项艰巨的任务或者有难度的工作时，这种烦躁的情绪也会油然而生。这种情绪往往使人不愿意马上投入到工作中，而且只要有其他方法，就会下意识地拖延或逃避这项艰难的工作，直至拖到无法再拖的地步，才会选择面对，这些都是自我意识影响的结果。

只有当一个人正确、充分地认识了自己、了解了自己，才能对自己有更准确的定位，才能找到适合自己的目标，最终才能通过自己的努力实现自己的目标。目标的实现不仅满足了人们的需求，还能够体现一个人的自我价值，更重要的是增强了一个人的自信心，使人们的心理一直处于良好的状态。

相反，如果一个人对自己的能力和认知没有正确的定位，只是凭借自己的喜好和愿望盲目地设定远大的目标，结果往往会造成拖延、而愿望或者目标没有实现会打击人们的积极性，让人产生挫败感，影响一个人的自信心，甚至会影响一个人以后的发展。因此，我们只有了解自我意识给人们带来的影响，才能更有效地解决因自我意识不足而带来的拖延。

强大的内心才能打败拖延

拥有强大的内心，不害怕失败、不畏惧未知，对任何自己不能掌控的突发状况都有勇气去勇敢面对，这是每个人都向往成为的人。但现实生活往往与理想有些出入，面对自己无法掌控的局面时，人们通常都会出现焦虑、不安、害怕的心理。这些都是正常现象，却不是一个好的现象。所以，当你处于这种糟糕的状态时，要有走出来的勇气。否则这种心理必然会使人们最终走向逃避、拖延的深渊。

彭越从小到大一直都是父母、老师、同学眼中的好学生，品学兼优，在学校里每次都能拿到奖学金，是人们认为的天之骄子。大学毕业之后，彭越很顺利地进入了一家大公司上班。在工作方面，彭越积极进取，对自己的要求非常严格，只要是自己经手的工作都力求完美，很多工作也都完成得很出色。渐渐地，他对自己的要求越来越高，只要工作没有达到预想的要求、有一点儿自己不满意的地方或者有一丁点儿纰漏，他都要重新再做一遍。

失败是每个人都会经历的，没有谁的一生都是一帆风顺的，但总有人在经历失败之后一蹶不振，无法承受失败带来的打击，彭越就是这样的人。尽管他事事尽心尽责，但还是在一个项目上出了差错，经历了一次较大的失败。此后，彭越总是被焦虑、不安的情绪所困扰，担心再次遭受失败。于是每次工作时总是战战兢兢、如履薄冰，害怕做错事，但越是这样，就越容易出错。接二连三的失败使彭越陷入了恐慌，于是他开始下意识地逃避、拖延，就算是一些非常重要的任务也不例外，严重地影响了工作进度。领导为此找了他，让他提升进度，但也无济于事。最终，彭越不得不选择离开。

彭越原本是一个非常优秀的人，对自己的要求也很高，但却因为没有承担失败的强大内心，而在面对一次失败之后就无法走出来，最终选择拖延，以致给自己的工作带来了不好的影响。这也是我们应该注意的问题，练就一颗强大的内心，战胜拖延指日可待。

培养积极的自我意识的几种方法

苏联著名作家高尔基说过："只有满怀自信的人，才会在任何地方都满怀自信，沉浸在生活中，并实现自己的意志。"因此，我们要培养积极的自我意识，让其发挥作用。

1. 正确地认识自己。要正确地认识自己，就要树立正确的人生观念和设定适合自己的人生目标。只有正确地认识自己，树立正确的人生观念，才会在寻找自我的道路上越走越顺，正确地发展自己。如果高估或者低看自己，就会对自己的能力产生误判，可能会自大、自负，也可能自卑、软弱。这些在一定程度上都会成为一个人人生发展的障碍。

2. 遵照社会要求发展自己。发展自我意识，不仅是正确看待自己、认识自己，还要正确地发展自己，描绘一个理想的自我，努力追求。

3. 要增强意志力。增强意志力对培养积极的自我意识有很大作用，对既定的目标有充分的认识，并且为了实现设定的目标要有坚持不懈、不放弃的决心。

不管如何，只要培养了积极的自我意识，就能够有效地消除内心的负面情绪，对待外界的压力、失败和挑战都能够从容面对，继而战胜做事拖延的习惯。

把注意力收回来，专心致志地做事

俄罗斯教育家乌申斯基曾表示："注意力是我们心灵的唯一门户，意识中的一切，必然都要经过它才能进来。"只有凝聚注意力，人们才会集中精力去观察、用心去感知事物，才会深入思考问题、弱化外界的干扰。没有注意力，人们的各种智力因素如观察力、记忆力、想象力等都将因得不到支持而失去控制。

注意力是把人的感知和观察等活动联系到一起且集中在一件事物上的能力。不管是在生活中，还是学习、工作中，注意力都是十分重要的。只有集中注意力，才能高效地完成眼前的事情，才可以达到自己的目标。但是在生活中，我们很容易分散注意力，被外界各种事物影响，从而导致拖延。

注意力不集中的表现

拖延症患者有很多类，其中就有因为注意力缺失而导致的拖延，这种拖延者的拖延症状或许更加严重。因为注意力缺失的人对外界干扰的抵抗能力很弱，只要外界有新鲜事物产生，就总能勾起他们“求知”的好奇心。比如新产品、新面孔、新声音等，都能够吸引拖延者，引起他们的关注，唤醒他们探索的兴趣。想让拖延者们对这些新鲜事物的态度就如“两耳不闻天下事，一心只读圣贤书”一样，是非常难的。

因为平时工作的拖延，拖延者手中肯定有很多工作要做，这样一来就产生了矛盾：一方拖延者被外界的新鲜事物吸引，总想抽出时间认真研究一番；另一方面，因为拖延而没有完成的工作越来越多，且又是不得不做的工作。在这种情况下，拖延者看到手中的工作自然就不会有好情绪，越做越烦，然后就产生了对抗情绪，如此拖延必然会越来越严重。

工作时总是翻看手机怎么办

随着智能手机的普及，手机成了人们生活中的必需品，很多人都沦为了“手机奴”“低头族”。工作时特别需要集中注意力，但是工作时看到放在手边的手机，总是控制不住打开手机看一眼。这会对你的工作产生很大影响，严重的还会对你造成伤害。

2017年2月14日下午下班之前，车间生产线已经进入了收尾阶段，杨小姐正准备清洗自己负责的机台。这时，她看到旁边的手机屏幕里跳出了一条男友发过来的消息，说的是关于情人节怎么过的事情。于是杨小姐索性打开手机和男友语音，一边发语音一边清洗机台。没想到一个不注意，杨小姐碰到了机台的开关，机台开始运作起来，杨小姐的手指瞬间被夹在机台中。后来，消防员赶来帮杨小姐取出了手指，但她还是失去了自己的食指。

单位规定，清洗机台前一定要把电源切断，杨小姐平时也是这样做的。可是那天她因为忙着和男友语音，竟然忘了切断电源，这才导致了悲剧的发生。

杨小姐在工作中分散了注意力，最终导致了一场悲剧，可见玩儿手机的危害性。那么，我们要如何改善经常看手机的情况呢？

1. 将要做的事情提前编辑到备忘录中，设置好时间。因为很多情况下我们总是控制不住自己看手机，所以可以将手机壁纸设置成今天要完成的工作，防止自己翻看手机。因为一旦被手机打扰，再次投入到工作中将需要花费一定的时间。

2. 以午餐时间为分点，不要经常回复信息。有时候你忙于工作，手机却总是传来接收消息的声音，不需要马上回复，因为如果是紧急的事情，他们会给你打电话的。你可以在午餐期间再统一回复。这样工作时就不会分散注意力了。

调节注意力缺失的方法

俗话说“一心不可二用”，就是在说注意力不可分散的重要性。一个人只要能专心致志、心无旁骛地做某一件事，大脑在你集中注意力观察某事或者做某一件事的时候，就会释放出无法想象的潜能。关键是如何将自己的注意力收回，在这里我们为大家提供了两个方法，具体做法如下：

1. 将注意力转移到自己的内心世界。看到过这样的心理学理论：人们在接受新事物的时候，都是从外在支持开始的，并且通过对这一外在行为的不断重复，将其逐渐内化。这个理论在如何收回注意力这个问题上也适用，就是借助外力帮助当事人收回注意力，并且不断地重复这一力量，直到撤去外力后这一行动依然存在，就成了一种自觉行为。

但是我们生活中充满了太多的诱惑，自己的注意力很容易被吸引。要想把注意力收回来，就要时刻提醒自己，关注自己的内心世界，强化自我监督、提高自控能力。这样才能更容易集中到自己所做的事情上，直到完成任务。

2. 不断强化自己的目标。很多时候，我们在下定决心实现一个目标的时候，总是会提前制订一份计划，并准备按照这份计划执行，但是在执行过程中，总是会停下来，这并不是你有意停下来的，而是你忘记了接下来要做什么。这并不是你有意拖延，而是真的忘记了某一环节或者接下来的计划。

针对这种情况，我们可以通过视觉提示和听觉提示来不断提醒自己要实现的目标。首先，视觉提示可以通过用便签纸记录计划，贴在显眼的地方，因为眼睛经常看到，所以会渐渐成为大脑的思维，不用提醒就能记起来了。听觉提示也是同样的道理，只不过是把视觉提示转化成听觉提示，可以给每个详细的计划设置成一个闹钟，每到一个时间点，就会有闹钟提示，这样既可以提醒自己防止遗漏某件事情，也不用花费心思去记这些事情了。

做情绪的主人，将人生握在自己手中

“七情六欲”是每个人生下来都有的，任何人都离不开这些。因为这些情绪能够表达人们的情感，或高兴、或悲伤、或喜悦、或难过、或激动、或愤怒……这些情绪都是一种主观感受、生理的反应、认知的互动，并通过一些特定的行为表现出来。

情绪有积极的也有消极的，因此我们要学会管理自己的情绪。当有消极情绪时，我们需要将这些感受、反应和特定行为进行分析并学会驾驭他们，不要让消极情绪影响到自己的工作和生活。只有掌控了自己的情绪，学会调节消极的情绪，才能掌控自己的人生。

拖延的不是你，是你的情绪

“安全上垒”是棒球比赛中的一种说法。棒球有四个垒，组成的是一个正方形，只有跑完四个垒才能得到一分。安全上垒的条件是，在击球员打出一个好球的时候，跑垒员能够拼命跑到下一个垒上，而且是在没有被对方淘汰且得到了一分的情况下。打一个通俗的比方，就好比赶火车，你在火车马上要出发的那一刻成功地上了火车，这就是“安全上垒”的感觉，也就是在非常紧急的时间内完成了一件事。

生活中的我们，有很多时候都是处在“安全上垒”的状态：论文不到最后一刻提交的日期就是写不出来；作业不在最后一天补完就好像不是寒、暑假；不在截止日期的最后一天上交工作报告就体现不出它的难度……这些情况原本都是可以在充足的时间里去完成的，最后却总是在紧迫的时间里完成，其根本原因与拖延有着不可分割的关系。

真正能够改善拖延症的，不是时间管理，而是情绪管理。因为在做一件事的时候，人们总是容易带上情绪，这些情绪或许是开心、激动，也可能是焦虑、厌烦。如果在做事情的过程中总是被一些消极情绪骚扰，那么我们会非常希望逃离、逃避引起这些情绪的事情。然而这些对正在做的事情和对自己都没有帮助，该做的事情还是需要完成的。

漫画 Legion 的主角大卫被困之后，马上被焦虑、恐惧的情绪占领了整个大脑，只会在原地狂叫、嘶吼，却无暇自救。直到他的大脑中出现了只有逻辑思维的“大卫”，事情才发生了转机。这个“大卫”在大卫分析自身情况的时候，不断将那些影响他的负面情绪压下去，不受情绪干扰的大卫很快找到了自救的方法。

只有成功管理了情绪和拖延症，逻辑思维、时间管理才能够走入正轨，正确运行。

别让情绪化害了你

社会心理学家的一项研究表明，当一个人的控制权或者自由受到威胁甚至被剥夺时，人们往往会出现逆反心理。比如，对工作会产生敌意或抵触心理。当人们心中有情绪或者失去自控力的时候，就会对工作产生敌意，从而故意拖延，导致任务无法按时完成。

生活在相互制约的社会中，人们的行为自然而然会受到很多限制，因此很多事情都不能由着自己的性情去做。

武坤是一家医疗器械公司的助理工程师，主要负责售后服务。在工作中，他与同事相处得都很融洽，唯独与技术部的主管不对眼。对于主管提出的意见，他总是有抵触心理，不愿意接受。随着时间的推移，他的这种心理如“洪荒之力”一般无法控制。

一天，一个客户的医疗设备出了点儿问题，主管让他去检修一下，还指手画脚地说了一大通。武坤不耐烦地说：“我可以去，但是如果你再这样说下去，我就不去了。”对这种公然反抗自己的下属，主管自然是不能忍受的，他将此事上报了上级，武坤被迫辞职。

虽然主管下达命令的方式欠妥当，但也算是合乎常理的，而武坤明显是带着情绪的。对于容易被情绪所左右的员工，很多公司都不愿意接受，所以公司辞退武坤也在意料之内。上面的案例说明了我们不能太情绪化，这样不仅会影响自己的事业，也会影响自己的人际关系，百害而无一利。

控制情绪才能控制自己的人生

掌控情绪要求一个人要有一定的自控能力，也可以说是一种自律，它是成功者必不可少的条件。英国诗人约翰·弥尔顿说过：“一个人如果能控制自己的激情、欲望和恐惧，那他就胜过国王。”

19 世纪，法国著名文学家小仲马在年轻的时候对巴黎的一位名妓玛丽·杜普莱西情有独钟，并发誓要将她从堕落的深渊成功救赎出来。但是现实总是很残酷，杜普莱西每年的生活开销至少需要15万法郎，为了给她买礼品和支付各种花销，小仲马已经欠下了5万法郎的债务，但依然无法满足杜普莱西的需求。小仲马陷入了痛苦的困境，经过很长时间的思考，终于理智战胜了情感，写下了一封绝交信留给了心爱的女人。

后来，小仲马根据自己的这段亲身经历写下了一部影响世人的名著——《茶花女》。小仲马在羁绊的情感中看不到希望，及时回头，控制了自己的欲望，并勇敢地从这段情感中跳出来，最终成就了他一生的辉煌。

试想一下，如果小仲马没有悬崖勒马，而是越陷越深，任由自己的情感发展，那么最终会有怎样的结果呢？他不仅感受不到快乐、幸福，反而会身心疲惫，甚至还会欠下很多债。几乎所有取得成就的人都会掌控自己的情绪、控制自己的欲望、约束自己的行为。

战胜拖延，打造强大的意志力需自我激励

意志力在一个人的人生中是非常重要的，当我们遇到困难时、遇到挫折时或遇到难关时，就需要意志力来帮助自己渡过难关，突破困难，成就不一样的自己。相反，如果是意志不坚定的人，他们的境况往往会因此而越来越难。

其实意志力就像肌肉一样，是可以通过自己后天的努力和锻炼提高的。面对每一个难关的时候，都需要我们的意志力，只有练就强大的意志力，才能使自己的内心充满力量。拥有强大的意志力，

就能够成功跟拖延说再见。

拖延与意志力的博弈

拖延同样也不是天生就跟随着拖延者的，它和意志力一样，都是在后天逐渐养成的一种习惯。只不过拖延是让人们在不知不觉中逐渐变成平庸的人，而意志力是成功者的垫脚石，会成就一个人的非凡人生。

拖延受各方面的影响，比如人的思想、信念、行为习惯等因素，在潜移默化中逐渐养成。正因为不是通过刻意训练而养成的行为，所以要改正也是不容易的事情。平时，它作为一种信息潜藏在人们的脑海中，并且时不时会冒出头来像指挥家一样指挥着人们：我喜欢这样做，我讨厌那样做，这样做更简单……在有这种想法冒出来的情况下，就算我们做错了事，也察觉不到。还有更为严重的情况，如果你遇到了困难或者陷入了困境，它就会给你“支着儿”，教你如何“轻松”渡过难关，让你敷衍了事或重新开始。于是，拖延就摧毁了人类的意志力，成功地主宰了你的大脑。

解铃还须系铃人，如果想避免这种情况发生，就得战胜拖延。拖延就好比弹簧，意志力就是人的力量，意志力越强，拖延就越弱。如果人的意志力足够强，那么不但能够成功地摧毁拖延，还能让拖延从你的身体内消失。反之，如果没有强大的意志力，拖延就会爆发出强大的力量，甚至彻底摧毁其意志力。因此，要想战胜拖延，就必须打造强大的意志力。

意志力会被拖延慢慢吞噬

在工作中，我们要摒弃随波逐流和“当一天和尚撞一天钟”这样的想法，更不能每天混日子。因为一旦开始这样做，自信心就会越来越弱，拖延就会肆意妄为，吞噬掉原本就不强的意志力，掉入无所事事的沼泽中就会成为必然结果。

来自贵州偏远山村的小曾是一名初中毕业生，怀揣着梦想来到了与世界接轨的大城市——深圳。他有一个老乡在深圳混得不错，于是小曾就来投奔这位老乡。在老乡的热心帮助下，他不仅有免费的住房，还得到了一份收入可观的工作。

实际上，仅凭小曾的学识和能力，是很难有机会进入这样的大公司上班的。企业老板看在小曾是老乡的面子上才勉强给他安排了一个职位。在这种情况下，小曾本应该意识到自己的差距，弥补自己的不足，努力提高自身的职业修养和能力，珍惜这次工作机会。但是他错误地认为公司老板没有重用他，总是给他安排一些杂七杂八的事情，内心难免失衡。于是他开始怀着“拿多少钱干多少活儿”的心思工作，在工作上拖拖拉拉、应付了事，更别说努力学习、提高自己了。

企业老板将小曾的情况告诉了小曾的老乡，老乡真诚地开导小曾，给他提了很多建议，但是小曾根本听不进去。现在，原本意志力就弱的小曾早就被慵懒和拖延占据了整个大脑，控制了整个身体。在老乡苦口婆心地劝说之后，小曾不但没有把心思放在怎样提升自己的能力上，反而让老乡再帮自己安排一个更好的职位。最终，老乡看清了小曾的真面目，与他断绝了来往。

一个月之后，小曾因玩忽职守使企业遭受了损失，老板按照公司规定开除了小曾。此时的小曾离开了老乡的庇护，又没有一技之长，只好灰溜溜地回家了。

小曾有这样的结果是因为意志力完全被拖延和懒惰吞噬了，在自身能力不足的情况下不是自我激励、积极进取，而是任由拖延蔓延，自甘堕落。本就不强的意志力逐渐被拖延吞噬，开始得过且过，最终滑向拖延的深渊。

增强意志力需要自我激励

增强意志力的方法有很多种，在众多的方法中，自我激励是非常有效的一种。而自我激励在生活中又扮演着很重要的角色，并不是可有可无的存在，而是一个人必须具备的技能。它在人的工作和生活中起着催化剂的作用，能够帮助人们树立自信心，激发人们的潜能。

学会自我激励，相信自己是自我激励的基础。通常情况下，意志力薄弱的人都是缺乏自信的人，总是小看自己，总认为别人比自己优秀。这样一来，做事免不了瞻前顾后、畏首畏尾，在一定程度上就会限制自己正常水平的发挥，很容易造成拖延，影响事情的结果。因此，树立自信心是关键，要时刻提醒自己"我能行，我是最棒的，我一点儿也不比别人差"，这样才能充分发挥自己的能力，甚至还会超常发挥，将事情更好地完成。

不仅要学会自我激励，还要学会用积极的心态面对生活。不管遇到的事情有多么糟糕，我们都应该时刻提醒自己要积极、乐观、向上，尽自己的全力做好手上的事情。只有经常保持这样的心态，才会采取积极的行动，才会赶走拖延。

逆向思维，有效改变拖延的恶习

逆向思维也称为求异思维，它是将人们一种常见的、常规的、约定俗成的事物或者特定的观点反过来思考的一种思维方式。在生活中，我们都习惯沿着事物的正常发展方向思考问题、寻找答案。但其实很多事情我们可以倒过来思考，从求解向已知条件倒推，或许会使事情简单化。敢于“反其道而思之”“反其道而行之”，难题或许就能迎刃而解。

在改善拖延症过程中，我们可以尝试采用逆向思维，给拖延留有足够的时间。人们之所以拖延，是因为人们习惯先把时间安排给“正事”，结果自己休息和娱乐的时间都被侵占了，生活空间也被工作和生活上的琐事填满。拖延变成了经常发生的事，甚至还觉得这是忙里偷闲的机会。

逆向思维高效利用拖延症

我们都知道，放任拖延就是放纵自己走向堕落。但是在这里有几个方法，可以巧妙地利用拖延，使自己在高强度的压力之下，让大脑得到充分休息。

1. 计划好用来“拖延”的时间。这看起来好像有什么问题，不是治疗拖延的吗？怎么还要给拖延计划时间呢？这就是利用逆向思维，在给自己计划工作的时候，首先计划出足够的时间用来娱乐和休息，让你再将工作填充进去。这样做好计划之后，能够帮助你养精蓄锐，更好地投入到工作中。这个方法的关键在于严格执行，只要这样做了，拖延就能在你的工作方面发挥积极作用，提高工作效率，这是一件好事。

2. 利用“拖延时间”建立人脉网络。人们都希望有更多的时间来拓展自己的人际网，但是现实是时间总是被工作填满，没有时间接触工作圈以外的人，导致没有与工作以外的熟人或朋友进行过多的联系。

因此不要把拖延花费在刷微博、看空间、刷朋友圈上，而是应建立起自己的人际关系网，主动与他们联系。比如，跟很久不见的朋友聊聊天、与上次见面的合作伙伴发消息、积极回复短信等，都可以拉近你与对方的距离。你不必期待马上从这些关系中获得什么，但是用长远的眼光来看，这对维持人际关系网有非常重要的作用。

“幸亏那天我‘滚’了”

从心理学上来讲，逆向思维之所以能够战胜拖延，是因为这种思维方式能够减轻人们的心理负担，让人们以一种轻松的心态去面对接下来的工作。

若干年之后，杨老师所在的“战胜拖延”QQ群中的某位成员，若是回想起那天下午，一定会给自己一个精辟的总结：“幸亏那天我滚了。”

那天下午，这位成员在群里发了一条令他极其焦虑和恐慌的问题，也是很多人都会“躺枪”的问题：“明天就要考试了，我还没有看书，怎么办啊？”他说：“我现在在家里，我的桌子一团糟，我是应该先看书呢？还是先收拾桌子呢？如果直接看书，总是会在意杂乱的桌子，无法集中精神看书；如果先收拾桌子，这是不是另一种拖延呢？”杨老师在上课的时候经常会把这个案例讲给同学们听，让他们进行判断，应该先收拾桌子还是先看书？很多情况下都是一半一半，确实是一个两难的境地。

在这个时候，群里有位资深“盟友”发来了一条消息：“现在就‘滚’下你的QQ，‘滚’下网络，‘滚’出你的家，‘滚’到一个自习室，‘滚’一下午、一晚上，明天就能过了！”这这句话把他给骂醒了，于是他按照那位“盟友”的话“滚”到了自习室，而且真的“滚”了一下午、一晚上，第二天下午直接“滚”到了考场，于是这场考试就这样“滚”过了。

生活在一个信息化的时代，我们总是很容易被外界的各种新闻、消息所吸引。想认真地做一件正事是非常难的，因此就会造成拖延。在这种情况下，我们可以试着换一种想法，直接避开问题的根源。就像案例中那个提出两难问题的成员一样，你不需要马上收拾桌子，也不需要马上看书，而是“滚”下网络，“滚”出家，“滚”到自习室，这就是一种逆向思维。

逆向思维让工作更高效

逆向思维可以帮助我们在工作中树立自信心，因为通过逆向思维不仅可以高效完成工作，还有助于身心健康。当你很好地完成了工作时，你的心情就会非常愉悦。在提高别人对你工作的认可度时，能够培养更强大的自信。

张铭在一家网络公司上班，因为网络公司的工作节奏快，再加上张铭是一个勤奋、上进的人，所以为了节省上班路上花费的时间，张铭就在公司附近租了房子。每天早早地到公司，然后就投入到紧张的工作中，中间没有一点儿空闲时间。他不仅每天最早到公司，而且还经常延迟下班。

虽然张铭一直很忙碌，但是业绩并不突出。很多同事没有他勤奋、认真，业绩却比他好，这是张铭很不解的地方。更让张铭难堪的是，一些比他晚来公司的同事都已经升职了，只有他还在原地踏步。

张铭眼看着别人一个个超过了自己，内心更是着急，于是变得更加勤奋了。早上到公司更早，晚上下班更晚，就连在休息的时候也满脑子都是工作，睡也睡不好，第二天起床都是迷迷糊糊的。看着电脑的张铭感到头昏脑涨，思维停滞不前，手头上的事情也被拖延了。

张铭将这一烦恼向朋友倾诉，同为上班族的朋友马上明白了问题所在，便建议他使用逆向思维制订自己的工作计划。张铭认真执行之后，工作上有了很大的改变，他不用再不分白天黑夜地加班了，工作之余还有时间出去旅行。工作不仅没有“拖”，反而是越来越好了。在同事的追问下，张铭说出了改变自己的“秘密”：在确定工作截止日期的情况下，改变了以前花费大量的时间在工作上的做法，而是在优先安排好休息和娱乐，再安排工作的事。这样能够保证精神得到充分的休息，状态就好了，思维也能充分运转，工作效率也就提高了。

逆向思维打破了人们的常规，不仅可以提高人们的工作效率、远离拖延，还能使人们更轻松地完成工作。

利用自我暗示，督促自己战胜拖延

人都是有选择性地看待世界的，“眼见为实”就表明人们通常都是只相信自己看到的世界，人们也更愿意关注和留意自己相信的事物，而忽视掉自己不相信的事情。因此，人们所处的现实环境是由人们的心念吸引而来的，人们也容易被与自己心念一致的现实世界所吸引。

人的一生中总是会在听从“心”还是“大脑”的天平上摇摆不定。一个人的事业成功与否，与他的“心”有很大关系，“心之所向”起着决定性作用。当一个人产生积极的自我暗示时，他的大脑就会转动起来，并产生意想不到的爆发力。当然，任何事情都有两面性，当同时出现积极的心理暗示和消极的心理暗示时，我们要学会做出正确的选择，知道如何选择才是对我们的人生发展有好处的。

自我暗示的强大力量

自我暗示的力量就像一颗炸弹，有着很大的作用和影响力，有时会让一个身患绝症的人奇迹般地康复，有时会成为绝望透顶的人的救命稻草，有时又会使人在荒无人烟的沙漠中成功走出，有时能够使被拒绝无数次、失败无数次的人坚持到最后直到成功……但是消极的自我心理暗示，只会加快一个人的凋零。因此，我们应该重视并且培养自己的积极自我心理暗示的能力，并且能够控制或消除消极的心理暗示。

美国著名心理学家罗森塔尔教授在某一天来到了一所普通的中学，他随便进入一个班级观察了一下，然后在这个班级的学生名单中指出了几个名字，告诉他们的老师说：“这几个学生的智商很高，都非常聪明。”没过多久，这位教授再次来到这所中学，神奇的事情发生了：教授指出来的那几名学生已经成了班级的佼佼者。这时，罗森塔尔教授才如实地告诉老师，自己其实对这几位学生的真实情况没有任何了解，这个结果令老师非常惊讶。事实证明，这位老师和学生都是受到了罗森塔尔教授积极的自我心理暗示的影响，才出现了这样的结果。

由此可见，自我心理暗示的作用拥有着我们无法想象的强大力量，甚至能使一个人的人生发生改变。在生活中出现拖延的状况时，我们只有不断地进行自我暗示，比如“不能再拖了，现在必须做”“现在就得行动，虽然身体有些累，剩下的时间不多了，还是尽早完成吧”等。类似这样积极的自我暗示，可以很好地督促我们向前走。

如何利用自我暗示改变拖延

在心理学上，自我暗示是指人们通过主观的想象，利用五种感官元素（视觉、听觉、嗅觉、味觉、触觉）进行自我刺激，给予自己心理暗示，以达成某种目的或者改变自己的行为。自我暗示是人的心理活动中的意识思想的发生部分与潜意识的行动部分之间的沟通媒介，是提醒、启示或者能够指挥人们内心的一种声音，它会告诉你追求什么、注意什么、致力于什么和如何行动。因此，自我暗示可以影响人们的行为，是每个人都有的法宝，只要好好利用自我暗示，就能够将拖延拒之千里之外。

要想拒绝拖延，首先就要将拖延的标签从自己的内心完全撕掉。告诉自己可以很好地完成任务，自己是一个很棒的人，这时自我暗示就会发挥它的积极作用。如果你自己在内心已经给自己盖上了拖延的印章，那么你做任何事之前都会先试图拖着。所以从现在开始，就要在心里告诉自己：我没有所谓的拖延症，任何事我都会马上去做，我很棒。

然后就是把注意力专注在一件事上。因为我们的注意力是有限的，而世间万物是无限的。如果用有限的注意力去关注无限的事物，就一定会出现不同的自我暗示同时或交替出现的现象。因此，大脑发出的指令会不断变换，行为却无法跟上，最终的结果就是拖延，甚至是停止。如果我们把注意力放在一件事情上，就会专注于一件事，那么心理暗示也会只有一种，行动指令就会简单、直接、快速，相应的行动也会变得迅速了。当然，专注的事情一定要是最紧迫的事情、要马上完成的事情。

提醒自己拖延的后果

提醒自己拖延之后会带来很严重的后果，这是一种很有效的督促自己不要拖延的方法。在很多情况下，我们对自己从事的工作已经丧失了一开始的激情。虽然对工作说不上讨厌，但是也没有很喜欢，所以对要开展的工作根本就没有心情，拖延也就成了自然而然的事情。很多时候，我们做一份工作时间久了，就会变得厌倦和疲惫，而这种厌倦和疲惫是我们自身无法控制的。因为任何一件事做得久了，都会出现疲劳，随之而来的就是枯燥乏味。

所以我们在工作的间隙，就会找一些能够解闷儿的事情，包括上网看新闻、逛淘宝、刷微博等，这样一来，在工作上就造成了拖延。如果因此而无法按时完成工作。不仅有加班的可能，还有罚款的可能，甚至还会丢掉工作，没有了工作，就没有收入，孩子上学怎么办？房贷怎么办？日常生活开销怎么办？想想还有多少可怕的事情等着你，既然无力承担这些后果，那还有什么理由拖延呢？赶紧行动起来吧！

REFUSE TO DELAY

第六章

过分追求完美，只会让人生不完美

完美主义是每个人的理想状态，也是每个人积极上进的动力。但是我们要学会拒绝完美主义，因为世上并不存在真正的十全十美，它只是很多拖延者为自己找的借口罢了。因此要想摆脱拖延，就要学会接受缺憾美，拥抱不完美的自己。

接纳不完美的自己，解放被束缚的心灵

之所以需要解放心智，是因为我们大部分人都接受了社会约定俗成的概念，并在某种环境中形成了自己的性格和习惯，心智在无形中就会被禁锢。只有解放了心智，才有可能开发心智，并且最终成就心智力量。而解放心智，要从承认自身的不完美开始。

古话有云："金无足赤，人无完人。"这句话从客观上来讲是事实，但是也有消极的思想在里面。虽然很多事情我们都无法做到十全十美，但是我们要有一颗追求完美的心，这样才能使我们在人生的道路上不断前进。承认自身的不完美与有一颗追求完美的心并不矛盾，因为只有承认自己的不完美，才能使自己不断进步，变得越来越优秀。

解放心智需要这三步

解放心智首先要承认自己的不完美，打开束缚已久的心，试着接纳不完美的自己，然后认清不完美的自己，最后放纵不完美的自己。

1. 接纳不完美的自己。接纳自己就是接受自己的优点和缺点，接受自己并不是最优秀的人，允许自己犯错，允许自己在某些方面存在不足。只有从内心真正地接纳自己，才能够承担由于自己犯错而带来的结果。不会因为事情的结果没有达到预期而陷入焦虑的情绪中，也不会为了自我保护而辩解、指责。

同时，自我接纳也是对外界环境的反思，重新思考他人对自己

的影响，重新选择追求的目标。而不是默默接受环境、受他人对自己的影响去做事。否则当无法完成的时候，就会感到自责、愧疚。接纳自己就是要学会做自己，而不是让环境和他人成为自己的包袱。

2. 认清不完美的自己。顾名思义，“认清”就是认识并清楚地了解。当我们已经接纳了不完美的自己之后，接下来应该做的就是清楚地认识“我”到底是什么样的，客观地罗列出自己的优点和缺点，并无限接近最真实的自己。

3. 放纵不完美的自己。对罗列出来的优缺点认真分析，经过再三思考后留下真实的自己，而不是感觉中的自己。因为通常情况下，人的感觉只是大脑的感觉，而非真实的感受，只有能够经受思考的考验的才是真实的。对一些伤害他人、伤害自己的缺点一定要克服，如果不克服，日后必定会给自己带来麻烦。至于一些无关紧要的缺点，则可以适当放纵一下，这可以在你克服其他缺点时得到心理上的平衡。

放平心态拥抱不完美

完美主义者通常都对自己抱有较高的期望，但是这种较高的期望往往会导致人们受挫，而受挫又会给我们带来极大的痛苦和失望的情绪。受挫后，人们担心再次受挫，就会遏制自己的行为，导致拖延。为此，我们应放平心态，接受不完美，可以这样做：

1. 切断高期望。过分追求完美的人通常都会对自己抱有过高的期望，当没有实现自己所期望的目标时，就会开始焦虑，进而选择逃避。因此，在执行一件任务的时候，要摆正自己的心态，对不确定的结果保持平常心。

2. 切断受挫。或许会有很多人心存疑惑，受挫不是不可控的吗？要怎么切断呢？实际上，只要我们降低自己的目标，压缩风险，做自己有把握的事情，就能避免自己陷入这种负面情绪。等自己积累了一定的信心时，再去挑战高难度的事情，这样就会减少受挫心理了。

3. 切断痛苦、失望体验。其实这样做，就是要你增强抵抗挫折的能力。这一环节需要你经历痛苦、失望，然后在主观体验中正视痛苦和失望，对情绪体验产生抗体。这一方式与第二个相反，它需要你不断面对并接受挫折，也可以称为脱敏技术。

我们在做一件事的时候，只要放平心态，承认自身的不足，允许不完美的存在，就能减少因为过分追求完美而导致的拖延甚至是放弃了。

放弃追求完美更容易成功

追求完美是每个人的理想，但是不完美是生活的必然。放弃追求完美，能够让自己的心灵得到放松。我们可以把完美比作一朵美丽的彼岸花，然后时刻提醒自己不要沉迷于幻象，不要过分要求自己。你可以追求美好、追求极致，但是你也要懂得接受不完美的现实。

杰基·德·拉·罗莎是一名企业家，在与创始人一起准备创业时，她的“财物”本能促使她打开了 Excel 表格分析数据。包括各种经济效益、构建商业模型、预测五年之内的收入等所有分析，但是唯独忘记了产品本身。做这些准备都是源于罗莎的一个想法：如果没有搞明白接下来要如何赚钱，创业就不会成功。

直到第一位投资人的出现阻止了她的这种想法，让她明白分析没有错，但产品才是最重要的。于是她按照投资人的建议马上联系工程师生产第一代产品，让其在打造第一代产品的时候不要试图做到完美，而是想办法把一个即便不完美的产品也能交到消费者手中。理由很简单：这样可以从目标人群中收集到购买数据。尽管他们在建立技术原型之前已经在网上进行了调查，收集了许多数据，但是推出第一代产品之后，可是发现消费者的兴趣与调查结果完全不同。也就是说，消费者没有说真话。这就显示出了首先推出产品然后获得反馈的重要性和真实性，这样才能够真正了解到自己生产的产品在市场中的位置。最终，他们成功创办了自己的公司——Beauty Touch。

我们要相信，再完美的人生也都会有一道我们看不见的缺口，要学会面对不完美，相信再不完美的背后也蕴藏着机遇，我们要学会抓住机遇，并从中获得成功。

过分追求完美，会将你拖进拖延的深渊

拥有完美信念的人是失落感最多的人，也一定是最痛苦的人。因为他们看到的大多都是不完美、都是不足，这样就会与机遇一次次擦肩而过，与成功总是隔海相望。世界上并不存在绝对的完美，改变自己的完美信念，人生就会变得更加丰富多彩。如果世间的一切都是完美的，那么也就没有你我他发挥的空间了。

在持有完美主义的拖延症患者中，有些人心中始终存在坚信不疑的完美信念，这些完美信念经常影响着他们的生活。虽然这种信

念看起来伟大而崇高，给他们一种与众不同的错觉。但事实是，正是因为这种信念的存在，才导致他们的希望越来越渺茫。完美信念不仅没有让他们拥有与众不同的人生，反而让他们掉进了拖延的深渊。

两种完美主义者类型的区别

内心存在完美信念，并执着追求完美的人，面对失败有两种看法，心理学家根据这两种看法将完美主义者分为两种类型：一种是适应良好的完美主义者，另一种是适应不良的完美主义者。这两者之间的区别有以下几方面：

第一，对自己的看法。适应良好的完美主义者会对自己有较高的要求，同时深信自己有实现自己设想的完美能力。为了实现这一完美，他们会付出努力，结果通常都是如愿以偿；适应不良的完美主义者则不同，他们不相信自己有实现完美的能力，也不会对自己有严格的要求，但是对自己的表现有很高的期待，这明显存在着矛盾。因此结果往往不尽如人意，从而让他们产生挫败感，并陷入自责，各种负面情绪也扑面而来。

第二，对失败的看法。虽然我们都讨厌失败，但是不同的人面对失败的态度不同。适应良好的完美主义者面对失败时，会认为这是人生的必经之路，并且在经历失败之后能够很快地调整好心态，再次精神饱满地出发；适应不良的完美主义者则会自我怀疑，认为自己没有用，而且感觉很丢人，从而意志消沉，没有办法再继续做事，导致陷入拖延的泥潭。

现实社会中大部分都是适应不良的完美主义者。比如，销售业绩和综合能力在公司排名倒数的员工期望自己在短时间内成为公司的销售冠军；一个成绩很差、排名总是靠后的学生希望自己在一个月之内跃居年级前五……这些人的愿望都是美好的，却与实际情况相背离。过于好高骛远正是他们前进道路上的阻力，是将他们推向拖延的帮凶。

完美主义者的完美信念

完美主义者通常因为事情没有达到预期而焦虑，从而导致拖延。因为拥有完美主义信念的人对事情的结果只有两种想法，要么成功要么失败。在完美主义者心中，认为自己如果没有把事情做好，那就是失败的，别人就会看不起自己。当完美主义者在处理事情的时候，第一个想到的就是如何完美地把事情做好，所以会考虑到事情的各个细节。当接到复杂的任务时，完美主义者就会考虑得更多，想要完成得更完美，这样一来就会限制了自己的步伐。

而且完美主义者通常会把做的事情与自己本身画上等号，如果没有完美地完成任务，就会认为自己是一个失败者。一旦进入这样的死胡同，完美主义者就开始用拖延的方式逃避结果，因为他们害怕别人否定自己的人格。小刘就是这样的人。

小刘是一名普通的白领，对工作认真负责，做什么事都相当完美。但都是一些非常简单的事情，比如修改表格、打印文档、核对数据等。一天，领导给小刘安排了一个比之前都复杂的任务。小刘暗自窃喜，心想这次一定要好好把握机会，把事情做得漂漂亮亮的。

然而，追求完美主义的小刘在执行这个任务的时候并没有想象中的那样顺利。因为这个任务需要多个部门相互配合，在以完美主义要求自己和对待别人时，小刘陷入了焦虑。他每次都想早早地提交报告，但是总有一些原因导致计划无法实现；他每次都希望提交的报告能够被顺利批阅，但总是会有一些问题……因此，小刘整日被焦虑和不安的情绪包围，潜意识中认为这项任务没有完美地完成。就这样，小刘开始陷入拖延的旋涡，他害怕提交的报告依然不顺利，害怕看到别人质疑自己的眼神。

完美主义者就像小刘那样，在与他人合作的过程中，如果事情没有得到完美的结果，他们就会开始选择拖延，推迟不完美结果的出现或者阻止它出现。

勇于推翻完美信念摆脱拖延

完美信念的人一般都是追求最终结果，而没有享受做事情的过程。一旦有一个环节没有达到完美，他们就会重新开始，因此会浪费很多时间。我们要勇于推翻完美信念，享受做事情的过程，享受从中获得的成长，挖掘自己的潜能或者兴趣。

推翻完美信念，需要改变自己对待失败的看法，不把事情的“失败”与“自我价值”画等号。正如前面讲的，一些心存完美主义信念的人总是把事情的失败与自己的人格、自己的价值混淆在一起。所以，为了克服拖延，完美主义者要将事情的失败与自我价值区分开。将每一次失败当成是自己成长的过程，从中吸取教训，提升自我，丰富自己的人生。

如果没有达到自己预期的完美结果，不要破罐子破摔，更不要直接放弃。很多完美主义者对结果只接受成功，一旦失败就会选择放弃、自甘堕落，几乎没有承受失败的能力。而且在失败的情况下，他们喜欢将之前做的事情全部否定，重新开始，相信明天会更好，下次就会更完美，却不懂得灵活面对和处理那些不完美。为了克服拖延，完美主义者应该保持充满弹性的心态面对不完美。

学会激励自己而不是谴责自己，应该为每一次取得的阶段性胜利而庆祝。很多完美主义者通常都只是看到自己的不完美，总是看重自己的不足，然后习惯性地谴责自己，成功的时候也不会有所奖励，这样的做法对自己很不公平。如果得到令自己不满的结果，他们就会一边自责一边拖延，觉得拖延会让事情有所改善。殊不知，拖延行为换不来行动力，更换不来完美的结果，它只会让你在拖延中越陷越深，陷入“放纵——自责——更放纵”的恶性循环中，给自己带来更大的心理压力，逐渐失去理智思考的能力。如果懂得在每阶段的胜利时奖励自己、激励自己，就能增强自身的意志力和自控力，他们是帮助你克服拖延的两个有力帮手。

放弃过分的完美，把精力放在有意义的事上

什么是完美主义？其实完美主义是虚幻的另一个代名词，就如“海市蜃楼”，它很美，但是世界上找不到真正完美的事物。追求完美是完美主义者最大的特点，也是他们为了实现这一愿望而乐此不疲、努力改善的动力。追求完美是建立在对事事不满意的基础之上的，因此很容易让他们陷入矛盾之中。

追求完美是人的天性，这固然没有什么错。但是世界上并不存在完美的事物，也并非任何事情都可以十全十美。威尔逊说过：“在跷跷板上，一边坐着神，一边坐着兽，中间站着的则是人；人一半是‘神’，一半是‘兽’，只有在中间才能保持跷跷板的平衡。人一旦背叛了自己，不管是偏向神还是兽，都会让跷跷板失去平衡。”因此，真正的完美是不可能实现的，理想与现实总是会有所差别的，我们

要摒弃完美主义，做有意义的事情。

摒弃完美主义需要这样做

摒弃完美主义对追求完美的人来说是非常难的，但是我们依然要尝试去改变自己，可以采取以下几种方法：

1. 学会接受平庸。苛求完美就像是给自己找错，总认为事情还可以完成得更好。一旦认为自己没有做到完美就会产生负面情绪，进而陷入拖延的困境。虽然很多人都不甘于平庸，但平庸是人类的大多数。人们因为接纳自己的平庸而轻松生活，人们因为接受生活的平庸而不再苛责，于是更加热爱生活。当打破原来追求完美的思维模式时，就会发现生活的美好，感受生活的宽容之心，整个人都会豁然开朗了。

2. 适当放松对自己的要求。当面临新的挑战或者有意义的事情时，不要对结果有较高的要求，也不要对结果做过于乐观的预测。先根据自身的能力设定合理的目标，只要目标合理，你就总能达到目标或超出目标。只有在这种情况下，人们才更有成就感，对自己更加有信心，有助于在以后的工作中取得优异的成绩。

3. 宽容待人。拥有完美主义的人大多都是对事情考虑周全、一丝不苟的人，这样就容易让他们在与他人共事时表现苛刻。所以，如果他人做的事情有让你不满意的地方，不要总是指出别人的不足，让他人感到紧张或厌烦，更不要因为别人做的事情没有达到自己的要求而牢骚满腹。这样不仅会影响自己的心情，还会影响自己与他人的关系和事情的进展。

4. 变“固定品质”为“固定时间”。任何人每天拥有的时间的都是固定不变的，因此也可以将需要做的事情限定在固定的时间内去做，然后在保证能够在固定时间内完成的基础上，要求事情完成的品质。比如：今天给自己的计划是写一篇文章并做三件事。时间安排好后，发现留给写文章的时间有三个小时，那就必须在这三个小时内完成且在不影响做其他事情和休息的前提下要求质量。这样把时间代替品质的做事标准貌似是牺牲了每件事的做事标准，但是从生活的全局来看，实际上是保证了生活的质量，尤其能够换来相对宽容平和的心理气氛。

抓大放小的人看全局

不管我们做什么事情，都要认清事情的主次，顾全大局。生活中总是有这样的人：对任何事都要做到十全十美，不管是无关紧要、细枝末节的小事，还是非常重要紧急的大事，他们都希望做到自己心中最完美的样子。但是我们都知道，世上怎么会有所谓的完美呢？只要是人就会有缺点，只要是物就会有不完美。因此对那些万事都希望尽善尽美的完美主义者来说，要学会抓大放小，把眼光放于整件事情上，用发展的眼光看事情。

如果只在乎眼前做的事情，而不考虑接下来要做的事，就会一直停留在当下，止步不前。因为你一直纠结于眼前所做的事，就连一些无伤大雅的小事也逃不出你的法眼，所以时间就这样一分一秒地过去，事情的进度依然停留在最初的阶段，无意中就养成了拖延的习惯。因此，为了改掉拖延的习惯，就必须要有顾全局的心胸，不要因为小事而忽略了大局。

抓大放小并不是让你做事大大咧咧、马马虎虎，而是让你在认真做事的过程中，不要纠结于一些无关紧要的事情，因为这样不仅浪费你的时间，也会导致事情拖延。当你明白做一件事并不是所有环节都需要尽善尽美，而是允许自己做事有不完美的地方时，就会提高做事的效率，远离因完美主义而导致的拖延。

要学游泳得先下水

很多完美主义者在做一件事情之前总是喜欢做各种准备，只有做好了充足的准备他们才会着手做自己真正想做的事情。因为他们总有这样的想法："只要做好了准备，我才能够完美地完成事情。"但结果总是事与愿违。

刚进入夏天的时候小慧就想学游泳，于是她在网上搜索关于学习游泳的问题。比如：浏览"怎么挑选合适的游泳装备"这样的帖子，在看了很多帖子之后，她觉得自己已经完全掌握了挑选合适的游泳装备的技能。然后就开始在淘宝、京东等平台挑选游泳装备，一有空闲或者下班之后就开始浏览游泳装备的商品信息进行比较。终于，经过一个星期的挑选，她在网上买好了泳衣、泳帽、泳镜等装备。

接下来，她开始在网上搜索"游泳教学视频"，跟着视频练习游泳姿势。然后她在自家附近的几个游泳馆咨询成人学习游泳的情况、游泳课程、游泳教练的教学水平、学习游泳的人数、游泳馆的基础设施等。这些信息她全部掌握之后，一切都准备就绪，她觉得自己可以开始学游泳了。可是这时，夏天已经过去了，天气逐渐变冷，不适合游泳了。小慧为学习游泳做了充足的准备，却没有下过一次水，之前买的游泳装备也都没有用上。随着气温的下降，她学习游泳的热情也渐渐减退，装备被打进"冷宫"。结果不言而喻，她还是不会游泳。

这个故事告诉我们："要想学游泳，就必须下水。"故事中的小慧因为完美主义作祟，虽然做好了充分准备，却错过了学习游泳的最佳时期，而导致游泳拖延。所以，要想学游泳，就必须先下水，就算没有完美的开始，也会得到学会游泳的结果。

让所有人都满意的人不存在

生活在这个世界上，我们都是独立的个体，所以每个人都有自己的思想，对待同一件事，一百个人会有一百种看法。因此，对一个人来说，不要妄想从不同的人口中得到与自己相同的看法。因为没有任何人会得到所有人的喜欢，会让所有人满意，所以做自己就好。

完美主义者中存在着这样一部分人：他们希望通过提交完美的答卷来得到他人的认可，让其他人满意。因此，他们不遗余力地把事情做到完美，以期待获得他人的满意，从而导致在一件事情上花费更多的时间。你要明白一个道理：你不是人民币，做不到让所有人都喜欢，真的不需要为了让所有人满意而苛求自己。

做自己内心的主人

每个人都有自尊心，大多数人都会在意他人的眼光和对自己的评价。在生活中，不管你走到哪儿、在干什么，都会有对你指手画脚的人，都会有与你意见相左的人，因为每个人都有自己的价值观和行为模式。在人们的潜意识中，只要出现与自己价值或做事标准不同的情况，就会感到不舒服。

很多追求完美的人为了避免上面这一现象的发生，就非常在意他人的眼光。希望自己在完成一件事之后能够让所有人满意，因此会把大量时间用在考虑他人的建议上，而忘记一开始做这件事的初衷。当你开始为了让别人满意、向他人证明自己而做这件事时，你就已经在向拖延的一面移动了。因为你的行动已经不是你一个人在支配了，而是有很多人的想法在支配你的一举一动，事情的进度当然会被拖住。

不要过分在意他人的眼光，你只是你，要做自己内心的主人，不要让外界的因素干扰自己的节奏，不要因为他人不满意的目光而否定自己，不要因为外界的否定而自我放弃。你唯一需要做的就是定好自己的目标，不需要尽善尽美，努力做好自己就好，这样才不至于让外界的人或事影响自己前进的步伐。

没有什么是绝对的

世界上任何事物都是相对存在的，没有绝对的好，也没有绝对的坏。每个人都有自己独一无二的感觉，都在根据自己的想法去思考世界。所以不要试图让所有人都满意，因为那是不可能的，而且还会剥夺你快乐的权利。

从前有一名画家，他想画一幅让所有人都满意的画作，经过辛勤的劳作，他终于完成了这幅画儿。他将画好的作品拿到市场上，还附带了一则说明：亲爱的朋友，如果你认为这幅画儿有欠佳之笔，希望赐教，请在画中做出标记。还在画儿的旁边放了一支笔。夕阳西下时，集市上的人都散了，画家便把画带回了家。此时，这幅画已经被涂满了记号，画家仔细一看，这幅画儿里没有任何一个地方是让人满意的。画家十分郁闷，感到很失望。

画家决定换另一种方式再次尝试，他临摹了一幅一模一样的画儿拿到市场上，与上次不同的是，这次附带的说明上写道：让每位观赏者标出这幅画儿中自己认为最妙的一笔。结果，曾经被人标记为欠佳之笔的地方，最后都画满了赞美的记号。

最后，画家感慨道："现在我终于明白了，不管你做什么事，只要有一部分人喜欢就足够了。因为有些事情在某些人看来是丑的，而在另一部分人眼中却是美好的。"

是啊，万千世界再美好，在一些人眼中也是不堪一击的，没有谁会得到所有人的赞美。因此，不要将大好时光浪费在做让他人满意的事情上。只有做好自己，不让他人的想法打乱自己前进的步伐，才不会有拖延的烦恼。

享受过程更容易成功

很多追求完美的人通常认为结果比过程更重要，因为他们在做一件事情的时候总会考虑能否得到他人的认可，以至于忽略了在处理事情的过程中带给自己的成长。因为在整个过程中，他们的行为总是受到他人的影响，所以经常会陷入自我怀疑中，一直担心事情能否完美地完成，不知不觉中就会开始拖延了。

针对这种情况导致的拖延，有效的改善方法就是不要在意他人的眼光，享受过程更容易到达成功的彼岸。当你全身心投入到整个事情中时，周围的一切就会自动被屏蔽掉，你的注意力就会完全集中到自己所做的事情上，想拖延都很难。虽然做到这样的地步不容易，但是只要自己坚定信念，相信自己一定能够做到，就会让拖延"望而却步"。

当然，我们在开始做一件事的时候，对结果都会有美好的期待，期望可以通过自己的努力实现最初的美好期待。这是很正常的，但如果过分在意完美的结果，那么在做事的过程中就会过分严格地要求自己，希望每一步都是没有瑕疵的。一旦出现瑕疵就会重新开始或者陷入无尽的烦恼，导致事情搁置，浪费大量的时间。因此，只要防止拖延现象出现，学会享受过程，就会离成功更近。

接受不完美，等于延长自己的生命

在生活中，我们很多人都是在戴着面具生活，担心别人看到面具之下不完美的自己，然后一味地扮演着强者。殊不知这样很容易让自己的生活失衡，甚至模糊了本来的自己。正如雨果所说："被人揭下面具是一种失败，自己揭下面具是一种成功。"敢于承认自己的不完美，并接受自己的不完美，才能够主宰自己的人生。

在生活中，不管做什么事情，我们都要承认自己的不完美，要明白任何事都没有所谓的最好，只要尽自己最大的努力就好。只有保持这样积极的心态，才会让自己做事的过程充满活力、充满激情，并高效地完成工作，进而拥有一份好心情。反之，如果做事执着于追求完美，那么遭受挫折之后就会沉浸在痛苦中，继而萎靡不振，失去了工作的激情，然后在生活和工作上拖拖拉拉。虽然接受自身的不完美需要很大勇气，但只要迈出这一步，生命就会多些色彩。

有限的生命承载不了太多拖延

当一个人过度追求完美时，就会成为激进和拖延的结合体。激进会让人抓狂，会让人失去理智，忘记理想中的完美与现实之间的差距，更想不到世间根本不存在所谓的完美。而拖延，是一个人过分追求完美的必然结果。

当完美主义者意识到自己因为过度追求完美而浪费了大量时间，还导致了事情被拖延时，内心油然而生的后悔、痛苦之感远比接受不完美更加痛苦，这是什么原因呢？

最重要的原因就在于生命是有限的，在有限的生命中能够高效工作的时间只有短短十几年。如果因为自己过于追求完美，而导致付出的努力和时间都白白浪费了，那么这份难以承受之痛带来的伤害是可想而知的。如果能够理智地接受不完美的现实，那么其所带来的痛苦只是短暂的，不但不会造成很大的伤害，还会在接受自己不完美的事实之后重整旗鼓，采取更理智的行动，获得成功的概率就会大大增加。就这两者带来的伤害相比，显然后者更容易被接受。

因为过度追求完美而导致的拖延是让人惋惜的，在有限的生命中，我们没有太多时间为拖延带来的后果埋单，生命承载不了太多的拖延，无限地拖延就是在浪费生命。带着一颗正确做事的心，让它引领自己采取更加正确的行动，定会让你提高工作效率、节省时间。这样就可以将更多的时间、精力放在有意义的事情上了，从而让自己的生命变得更加有意义。只有接受自己的不完美，才能绽放出生命的光彩。

执着追求完美导致的悲剧

在生命中，适当放弃追求完美的执着，是一种成就自我的途径。当我们在执着追求完美，却忽视了同等重要的事情时，可能会给自己带来重大的打击。张迪就是因为执着于一件事，过于追求完美，从而导致自己在人生的岔路口走向了下坡路。

张迪从小就对数学很感兴趣，自从上高中以来，他的数学成绩就一直稳居年级第一。不管是课本上的习题，还是资料上的习题，几乎都能解出来。正因为如此，老师和同学都对他另眼相看，数学老师对他更是青睐有加。

虽然张迪在数学方面已经很出色了，但是他的其他学科却一塌糊涂，英语更是不尽如人意。英语老师多次提醒他，希望他能在英语方面多下功夫，并多次给予他关照。但张迪是这样认为的："我的数学成绩已经这样好了，其他科目成绩差一点儿也没有关系，这足以看出我的聪明。"虽然这只是他的心中所想，没有向他人表露，但是得意扬扬的表情已经写在了他的脸上。为了让自己一直在数学上名列前茅，他花费了更多的时间去学习、研究数学题，甚至已经到了痴迷的程度，因此他花费在其他科目上的时间和精力越来越少，总体成绩也是越来越差，但是张迪依旧不在意。直到高考来临，名落孙山，才把他在数学方面追求完美的执念给打消了。经历了如此大的打击，张迪灰心丧气，选择退出，步入社会做起了小生意，以前的"数学梦"早就被尘封在以前的记忆中了。

张迪无疑是悲哀的，如果他不过分执着于数学，而是去提升自己的弱势科目，或许可以顺利通过高考的独木桥，在数学方面有更深层的研究，实现自己的数学梦想。

接受自身的不完美需要勇气

接受自身的不完美是一个修行的过程，是我们每个人都应该经历的过程。只有真正承认、接受自己的不完美，内心才会得到释放，生活才会更加轻松，才会遇到一个全新的自己。因此，接受不完美也需要很大的勇气。

畅销书作家张德芬曾是某电视台的新闻主播，她有过失败的婚姻，去美国深造过，担任过知名公司的营销经理，也经受过忧郁症的折磨。她的一生是充满坎坷的一生，但她最终也找寻到了真正的自己。

张德芬做什么事都追求完美，性格争强好胜。为了改变自己，张德芬一家人搬到了北京郊区，她则做了四年的家庭主妇，将自己置身于安静的环境中，全身心地投入到修身养性中，最终完成了自己的成名作《遇见未知的自己》。她曾经在自己的公开课上说：以前的自己在做事情的时候总是喜欢争个一二，认为只要自己各方面表现得比别人强，就代表很厉害。有时候，她为了维护自己这颗争强好胜的心，会背负很大的压力，因此生活得很累。甚至当有人为了她好而提出意见时，她也会产生一种抵触心理。她还说自己总是爱逞强，不肯承认自己的不完美，以至于没有把握住真正的自己的机会。她在书中这样写道："亲爱的，外面没有别人，所有的外在事物都是你内在投射出来的结果。"

在个人成长的过程中，愿意接受不完美的自己是真正进步的开始，只有正视自己，才能让自己越来越好。生活需要强者，但不需要"纸老虎"般的强者，而是需要敢于正视自己的内心、承认自己不完美的强者。一味地争强好胜，只会徒增内心对完美的执念罢了。只要真正做到接受自己的不完美，就可以轻松战胜拖延了。

REFUSE TO DELAY

第七章

按部就班，让计划执行得更高效

计划是为了完成某项工作或任务而制订的方案和途径。通常是容易制订却难以执行，或者执行过程的推进速度过慢，甚至因为一再耽误、一拖再拖而半途而废。这都是拖延行为导致的不利后果，要克服它，就需要个体积极主动地发挥主观能动性，从当下入手，雷厉风行地行动起来。摒弃浮躁、挫败和抱怨等负能量，按部就班地砥砺前行。

雷厉风行，从当前的一刻做起

川端康成说过："荒废时间等于荒废生命。"生命就是时间的延续，这句话每个人都懂，却总容易忽视它。因为时光的流淌是寂静无声的，它就像一只爱跟人捉迷藏的猫咪，不经意间就从你的身边溜走了。想要把握好时间，并抓住它瞬息隐现的尾巴，只能靠自身积极的主观意识，从当下这一刻开始就紧紧盯住它，不让它又从眼皮底下消失。

雷厉风行，从字面意思上讲就是拿雷电与疾风做比喻，描述人在做事情上的行动速度之快，不拖泥带水以及在态度上的果断和干脆。雷厉风行的人总给他人一种积极向上的感觉，他们不愿意拖延一分一秒，十分珍惜当下的时间。和这样的人在一起时，自己也会觉得浑身充满了活力和干劲儿。

雷厉风行是积极的处世态度

人做一件事情的早与晚，除了受自身办事节奏的影响以外，还主要受个体的观念与态度的制约。有的人从小家庭环境良好，一直养尊处优地生活，容易形成一种不太重视现实得失的观念，先不判断这种思想的优劣，至少在做事本身上会倾向于不重视某事而导致拖延现象的发生。

李丹从小家庭条件优越，从没有为经济问题发过愁，对钱的概念也比较模糊。从学校毕业进入社会以后，她在工作上融入得比较顺利，所以依然没有丝毫感受到现实生活的压力。再加上主流世俗观念对女性承担社会责任的要求和标准比较低，李丹更认为一切都理所当然了，认为只需风轻云淡地生活就好。因此她做事总是拖泥带水、能拖就拖，不到最后一刻从来不会认真起来。

有一次，公司接了一个大项目，因为日程较紧，所以要求全体职员临时加班加点。李丹有点儿适应不了这种快节奏，依然不紧不慢、按部就班地做事。结果就因为她这个环节上的问题，导致整个项目误了期。领导找李丹谈话时说："我早就了解你的性格和工作态度，之前一直不说，主要是尊重你的人格和习惯。但是现在不得不说一说了，你不争不抢、淡定冷静的心态是个优点，但必须建立在不影响他人的基础上。现在社会要求的更多是整合一致的团队协作，如果因为你一个人的拖延而导致团队的损失，那是不符合职业道德标准的。"听了这一席话，李丹开始反思，认识到了自己的错误和缺点，保证会尽快改正。

李丹的问题源于狭隘而消极的生活观念，只看这种被动的态度本身，这种缺乏向上精神的萎靡就足以让人反感，更何况会影响整个团队。可见，改善做事的节奏与习惯最关键的就是要调整内心的观念与态度，只有从思想上重视起来，才能够付诸行动。

雷厉风行，主要依靠自我约束

建立了正确把握当下的时间的思想和观念，下一步就要付诸行动了。雷厉风行地做事其实是一个抽象的概念，它不具体指要做什么，那种形式化的忙忙碌碌只能让人徒增疲惫，还不如不做。把握和珍惜当前的时间，真正要做的就是有效地约束自我，它需要我们积极主动、自觉地克制自身拖延的习惯，成为有效利用时间的达人。

雷厉风行需要的是一种慎独精神，这种无条件的自律需要来自内心的觉悟。在没有人管束和督促的情况下，还能够有效地自我约束，这确实不容易做到。在刚开始的时候，我们要充分调动主观能动性，当逐渐养成了习惯以后，慢慢地就会进入一种不用刻意控制也能自然而然做到自律的境界。

雷厉风行，寻找办事利落的人群

俗话说“近朱者赤，近墨者黑”，和怎样类型的人待久了，就会自然向那个人的特征靠拢。当然，双方不可能完全变成同一类人，只是他们身上的某些习惯会随着时间的延续而潜移默化地感染你。因此，外界氛围与环境对个体的潜在影响是非常巨大的，当你置身于一个做事积极果断、雷厉风行的人群中时，你就很难再容忍自身拖延的毛病了。

张鹏自从考上了大学，整个人从之前备考的高度紧张状态突然松弛了下来。他觉得人生的大考已经过去，所以就不再珍惜每一分每一秒的学习时间了，再加上宿舍的同学也大多拥有这样的消极心理，便逐渐养成了做事拖延的习惯。张鹏的毕业论文也是一拖再拖，最后在导师的不断督促下，才终于紧赶慢赶地完成了，也算是侥幸。

毕业后，张鹏进入一家企业工作。刚去的时候，张鹏十分不适应，因为他发现每个人都仿佛在和时间赛跑。虽然大家都不怎么加班，但都能非常高效地利用工作时间完成当天的工作。而且每天都要写工作报告，所以当天的事情绝不能拖到第二天。已经养成了拖延习惯的张鹏处于这种节奏中时，整个人都处于焦头烂额的状态，甚至想到了放弃这份工作。但是这份工作薪水不错，所以他咬牙坚持了下来。后来，他逐渐在周围人的感染下，进入了雷厉风行的办事状态，也没有刚开始那种疲于奔命的感觉了，而且整个人的精气神儿也仿佛晋升了一个境界，变得神采奕奕、器宇轩昂了。

要说诸多外界因素中作用最深刻的，要数是来自家庭的影响了。因为人的童年是可塑性最强的时候，性格和观念大都在这个阶段内培养成型。如果人从小受到较为负面的关于时间利用的观念，就需要依靠后天的觉悟积极主动地克服这种拖延的“家族传承”了，力求跳出习惯的强大引力，得到一种精神上的自我升华。

如果不想染上拖延的毛病，就要积极主动地让自己进入雷厉风行的节奏。无论是学习、工作还是生活，有计划就立刻着手去实施。行动晚了可能就会造成心理上的懈怠而导致一拖再拖，这种观念上的消极是需要自我觉悟来进行控制的，需要有勇气战胜自己。同时，还要注意给自己营造良好的外界环境，使自己时时受到正能量的影响，更有效地拒绝拖延。

将“待办”变为“必办”，今日不拖明日

“明日复明日，明日何其多。我生待明日，万事成蹉跎。”明代状元钱福的《明日歌》是大家耳熟能详的，可有多少人把它的教诲真正往心里放呢？无论什么时候都把明天当作自己不作为的借口，认为时间还多得是，回旋的余地还大得很，于是今朝有酒今朝醉。殊不知，这种一时的懈怠可能导致事情永无止境地被拖延而没有完成的那天。

“待办”和“冷处理”一般传达了两层意思，一种是暂时搁置，一种是拒绝。它体现了对目标对象的不重视和消极处理的思想，既没有动力去做，又缺乏积极完成的意识。表面上看是个体对是否要做某件事的潜在态度，实际不过就是被动拖延的一种表现形式，它让什么事情都无法按时完成。

主动开启行动，将“待办”变为“必办”

古往今来，人生有两件事情是不能做的：第一件是“等”，凡事不能等明天，所谓一万年太久，只争朝夕；第二件是“靠”，凡事都不能靠别人，只能靠自己，自力更生，奋发图强。虽然后者看上去和拖延好像没有什么关系，但事实上并非如此，所谓的等明天也隐含着寄希望于他人的潜意识，总之就是不想努力去完成，甚至有不劳而获的侥幸心理。

我有晚上在办公室加班的习惯，因为白天应酬太多。有个员工也跟我一样，晚上经常出现在公司的办公室里。我就跟他说：“不要太晚，注意休息。”他说：“今天还有工作没完成，做完就休息。”有一天晚上，我发现他走了，可过了一会儿又回来了。我过去问他，他说在路上突然想起电脑系统的一个数据弄错了，所以马上回来，改了再回家。他的这种敬业精神深深打动了我，后来公司成立了一个新部门，我让他做了部门经理。因为工作交给他，不会耽误在他手里，我放心。他现在已经是公司的副总。

——《李嘉诚自传》

李嘉诚用“今日事今日毕”的公司文化感染着自己的每一个员工，在成就他的商业帝国的路上走出了坚实的一步。所以成功其实并不难，它的路就在脚下；但它说起来也很难，因为有那么多人就偏偏摔在了这平坦的路面上，说阴沟里翻船一点儿也不为过。因为它要的就是那么一点儿积极主动的精神，一点儿自律的品格，只要你迈出了那一步，并且踏踏实实地坚持下去，就总有一天会取得成功。

克服内心浮躁，淡定才能持久

很多时候，我们并不是不想去完成一件事情，也不是没有真正地开始去做，而是在做的时候发现自己的精神无法高度集中在事情本身上。导致这种状况的原因有外界引起的，也有内心引起的。环境的纷繁复杂确实让现代人的思绪飘忽不定，而如果意志力不强，就更容易受到外界环境的影响，导致无法把手头的事情进行下去了，不停地处于“中断——继续——中断”的效率极低的消极循环中去。

陆明是一位插画师，本来他一直都能集中精力投入地工作，但前一段时间由于任务比较轻松，他可以从工作时间中抽出一部分做其他事情，所以就导致他养成了无法专心工作的习惯。最近，他就总觉得工作时心神不宁。比如，周末在家做设计时，会突然感到有些不耐烦，于是索性关了 PS，打开网络电视看了起来。可是看的时候，他的心里又总想着还没有完成的工作，于是看了一会儿后，就又重新打开 PS 做起来。

但是过了一会儿，陆明又觉得情绪有些浮躁，可能是天气热的原因，便打开手机点了一份甜品。结果就玩儿起了手机，他给自己的理由是利用等外卖送来的这段时间休息一下。结果外卖送来、吃完以后，已经又过去了一个小时。这时他又觉得有点儿困了，便告诉自己状态差的时候效率低，不如睡一觉。醒来时，已经是夜里九点了，于是他出门吃了个晚饭，又溜达了一圈消化消化。结果，他这一天又没干什么事就过去了。

在信息时代，人很容易被唾手可得的海量信息所吸引，这就导致了该做的正事被耽误和拖延。要解决这个问题，就需要我们冷静地克服内心泛起的浮躁，从容、淡定地面对周遭的五彩缤纷，让心灵处在一种水波不惊的境界，这样就能专注于一件事情了。

充分制订计划，顺理成章地执行

有拖延毛病的人总是容易把当天的事因为种种原因推到明天，等火烧眉毛的时候才急得直跳脚。有时候，一些人也想下决心努力改变自己，却总觉得事情千头万绪，不知道怎么才能理得清楚。其实，让思路变得清晰，让“待办”变为“必办”的最简捷的策略，就是制订周密而详细的计划。它可以作为指导自己每时每刻行动的向导，既可以提醒下一步的路线，也能起到督促和管理的作用。

制订计划主要可以分为三个层面：每个月的、每天的和每时的。但切忌安排得过于紧密而繁重，细致到每时并不代表要把事情安排得很多、很复杂，大可给自己放宽节奏。重要的是要有条理地安排，让事情正常启动和前进，而不在于一时一刻的争分夺秒。

总而言之，克服拖延行为的最直接方式就是从现在做起，把“待办”升格为“必办”，今天的事情今天就开始去做并完成。它需要你摆脱焦躁的情绪，规避外界的千般诱惑，将精神专注地集中于一点，再辅以周密合理的计划作为参照和提醒，就一定可以摆脱拖延的恶习，成为一个今日事今日毕的高执行力达人。

全身心地投入，点燃潜在思想

“不管是任何工作，只要我们全身心地投入，就必将获得成功。”这是一位日本企业家的名言，他用一句简单的话精确地概括了成功的秘诀：全身心投入。它强调的是对某件事的专注和付出。爱拖延的人就是因为缺乏集中和持久的精神而导致不断地拖拉和推迟的。

全身心投入就是要排除身外的一切纷扰和影响，把所有可能干扰我们的诱惑屏蔽掉。让整个精神都集中于计划中的事项上去，并持续地进行下去，直到全部完成为止。全身心投入可以有效防止拖延问题，因为在全力专注于某项事情的时候，人整个地扑在工作上，就像启动了的摩托车一样惯性十足，不达终点绝不停留。

全身心投入可以杜绝拖延症

有拖延毛病的人大都是因为被身边的琐事干扰和影响，在做事时容易分散注意力，无法持久地专心于工作上。这种断断续续的工作状态除了直接导致事情被无限期顺延，还会因为前后思维的不连贯而对工作的质量造成影响。做一件事就不妨把它做好，如果抱着适可而止、不愿全心付出的态度去做，那么还不如不做，因为做了也未必能有成效。

一只猎狗按照主人的指示追捕一个目标，目标是一只肥兔子，猎狗因为刚吃饱，还没有消化完，所以就优哉游哉地做做样子追了上去。按理说，无论是从种族还是从训练程度上来看，猎狗都可以很快地追上兔子，可过了半天它还是没有追上。事实上，这就牵扯到了关于猎狗和兔子双方是否全身心投入的问题。

兔子明白如果这次不逃脱就没有下次了，猎狗则不同，它心想就算追不到也有的吃，最多主人不开心了，至少和性命无关。兔子是抱着破釜沉舟的心态全身心地奔跑，而猎狗只是抱着这次不成还有下次的心理浅尝辄止。最终可以想象，兔子成功逃脱了，而则猎狗空手而归，受到了主人的训斥。

从这个例子中，我们可以鲜明地看出是否全身心投入在工作成效上的巨大差异。猎狗风轻云淡的心态让它留了几分力，便只能把成功拖延到下一回。而兔子全身心地努力拼搏，则一战而成功，区别立现。在对付拖延症的问题上，全身心投入有着其他策略不能比拟的优势。因为它强调的是不遗余力，即使不成功也能成仁，相对自身也就不存在拖延了。

全身心投入能够点燃思想的火花

爱因斯坦说过："天才是 1% 的灵感加上 99% 的努力。"虽然灵感是很难捕捉的东西，是一种抽象的概念，但没有足够的努力和奋斗作为基础，也是无法激发它的。这就需要我们全身心地投入到工作中，让身体和心灵积极地交会作用，摩擦出思想的火花，释放出不一样的灿烂光辉。

晓月去一家网络公司应聘程序员，资历和背景都并不出众的她，竟然能在众多求职者中脱颖而出，这令她自己也没有想到。在面试的时候，面试官并没有问很多专业问题，倒是对她怎么利用业余时间颇感兴趣。晓月说："我平时没有什么业余爱好，就喜欢做一些感觉有意思的程序。”这句表面上并不出彩的话感动了面试官。因为程序员是一个辛苦的职业，如果在疲惫的工作后还能够继续充满热情地做着相关的事情，那她得多么投入地爱这一行啊！这一点是其他应聘者都远远不及的。

全身心投入体现了一种忘我的精神，个体在这种情况下，能够将体力与精力都专注地施加在目标对象上，达到一种物我两忘的状态。处在这种状态和过程中的个体已经脱离了痛苦工作的低级层次，而是上升到了纯粹享受工作过程的高级境界里。能够如此着迷地工作，也就不存在拖延了。

忘记琐碎烦恼，全身心地投入

影响个体全身心投入某件事情的主要干扰来自个体周围的琐碎事物，现代社会的诱惑千姿百态，无处不在，无时无刻不吸引着每一个人的注意力。人们在专注于某件事情时，如果突然被周围的纷扰打断，那么再想启动就比较困难。

关于琐碎事物，近来对碎片化学习是非功过的讨论引起了大家的广泛讨论，到底碎片化学习的效果是优是劣？那种浏览式舒心惬意的学习方式到底是合理利用时间还是在浪费时间？这里不详细讨论，但是至少有一点可以明确，那就是琐碎的知识是无法支撑起庞大的系统结构的，而且可能让个体渐渐无法适应庞大知识结构的重量。

每个人工作的目的各不相同，有的是为了挣钱，有的是为了开阔眼界，有的是为了磨砺专业技能，这些目的都有各自存在的道理。但工作真正重要的目的实际就是打磨自身的心灵，通过不懈的努力让身心得到磨炼，让人格得到升华，让生活变得更加丰富多彩。

总而言之，全身心投入到工作和学习中，不仅可以有效地克服拖延症的困扰，还可以让我们在专注的过程中点燃思想的火花，放飞自己的思维。我们只要能够排除杂念，忘记那些琐碎事情的滋扰，就能够极大地提高自己的理性和感性认知，进而整体提升自己的灵魂。

优先攻克让自己最头痛的事

俗话说：好钢要用在刀刃上。人们做事情时总会有时候顺风顺水，有时候步履维艰。当遇到令人头痛的事情时，有的人会选择避开锋芒，先把好走的那一段路走过去，就像下象棋时先不由分说地吃掉对方的几个卒子一样。但是如此一来，当你习惯了那种惬意，而最终面对苦难时，你会更为不适应和难以为继。

最有成效的体验幸福感的手段，就是让其在人生的早期先经受痛苦的磨砺，这样他在心理上就会随着时间的推移而感觉越来越好。展开来说的话，就是当我们在从事一项大型工作时，不妨在还持有锐气的情况下把感到棘手的事项优先突击掉。困难的事情解决了，后面较为简单的过程就可以按部就班地轻松完成了。反之，如果处理事情时采取由易到难的顺序，那么就会感到压力越来越大，极易导致中途拖延甚至半途而废。

改善过程体验，首先面对困难

先经历了困难，就会在后期体验到更为轻松的快乐，这是强烈对比产生的心理愉悦。就像有的人生下来所处的环境很恶劣，无法选择自己的生活，只能坚持着熬到可以自力更生的时候。随着时间的延续，他会在不断提升的生活环境里体会到比一般人更多的幸福和快乐，而在他人眼里，他不过是普通的衣食无缺而已。

春节时，爸爸让上五年级的小冬也准备两道菜。小冬想了想，说他想做凉拌海蜇和黄瓜炒鸡蛋。爸爸问他想先做哪个，他回答道："我想先做黄瓜炒鸡蛋，因为做完困难的事情再去做简单的事，会感觉很轻松和愉快。反过来，如果先做完简单的事情，再做困难的事情，会觉得更难的事情在后面，总感觉心头有块石头压着似的。"

从这个例子能够看出，先做困难的事，再做简单的事，是连小孩子都明白的简单道理，关键在于你愿不愿意付诸行动。因为很多事情都是说起来容易做起来难，这在爱拖延的人们身上显得尤为突出。为了避免在工作后期陷入困境而无限拖延，请勇敢地向着令我们头疼的那个方向奔跑吧，惯性总是在最初的时候最难克服，就像启动一列笨重的火车那样，可一旦加速并飞驰起来，就能一往无前、势不可当了。

为了防止拖延，优先完成让人头疼的部分

先完成棘手的问题会让人们在熬过了最困难的阶段后，乐于享受后续相对简单的过程。但这只是关于生命体验的对比，还不是最有意义的方面，最有意义的方面在于先完成困难的事可以有效避免拖延。面对一件系统化的项目时，其中要处理的问题有难有易，而人的精力毕竟是有限的，如果先处理细枝末节的简单工作，等到产生审美疲劳和精力不足的时候，就更难以面对令自己头疼的问题了，既而造成最终的搁置与拖延。

可能有的人还是觉得先做后做不是都一样吗，在总数上都要经历相同的痛苦，都要付出一样的精力和代价。确实如此，但选择首先面对让自己头疼的部分，其实还是一种自我勇气和坚定信念的表现，是主动对拖延和半途而废说"不"的一种决绝的态度。它所传达的内涵力量要远远大于理智的功能。

为预防返工，优先处理棘手问题

除了产生心理方面的差异以外，处理棘手问题和简单问题的先后顺序还会对事情最终的成功与否产生影响。事实上，尽管人和人之间有一些喜好上的差异，但是令每个人感到头疼的问题事实上都是相似的，不外乎就是某项系统工作的核心或关键步骤。如果避重就轻地先拣容易的去做，就很可能到后期才发现与核心部分不匹配而需要全部推倒重来。

小雯在毕业季的后半段陷入了深深的焦虑当中。研二的时候，导师提醒她要注意论文的进度，她却不以为然地认为还有整整一年的时间，没必要那么紧张。在这个过程中，她优哉游哉地今天写一点儿概述，明天加一点儿案例，慢慢地添枝加叶不亦乐乎。而在最重要、也是最核心的问题上，她却一躲再躲、一拖再拖。

等到实在无法再拖下去的时候，小雯只好硬着头皮挑灯夜战，但在论证观点时，发现之前所做的辅助性文字竟然全都不能使用了，要全部重写。这时的问题已经不是愿不愿意做了，而是时间够不够了。最终，小雯还是没有赶上当年的答辩，延迟一年毕业也让她实实在在尝到了拖延的苦头，给她上了一堂生动但痛心的人生课。

拖延症给小雯带来的教训是苦涩的，她没有料想到其严重性可以带来如此大的反噬效果。而我们也可以引以为戒，在遇到令自己感到头疼的事情时，最好的办法不是一再规避，而是雷厉风行地迎头而上，以初生牛犊不怕虎的气势去面对它、分析它和解决它。一旦你在开始的时候畏惧了、退缩了，就可能在很长一段时间内，甚至永远都无法完成这件事情了。它留下的就不只是无法完成的遗憾了。更多的还有对自己执行力和意志力的追悔。

再多一点儿耐性，切忌虎头蛇尾

“胜利的道路是迂回曲折的。像山间小径一样，这条路有时先折回来，然后伸向前去；像山间小径一样，走这条路的人需要耐心和毅力。累了就歇在路边的人是不会得到胜利的。”美国前总统尼克松的这句话生动而形象地描述了人的耐性与取得成功之间的必然因果关系。成功的路不是一路坦途，只有怀揣恒心一路前行才能到达终点。

耐性就是一种能够忍耐着持续进行某一项单调活动的能力，具有耐性的人不容易急躁，也不容易产生厌烦情绪。与有着拖延习惯的人比起来，有耐心的人更能够长久地把注意力集中在事情本身，不容易被外界的纷乱所干扰。耐性并不仅是工作延续性的保障，还是人们克服困难的有力支撑。有了耐性，人们在困难面前就会表现得更有毅力。

耐性可以推动工作进度的延续

从古至今，有多少志向远大的人在追逐梦想的伊始风风火火，却因为逐渐失去热情半途而废，最终倒在了缺乏耐性的坎儿上。人如果没有足够的耐性，做事就容易犯虎头蛇尾的毛病，不能从始至终地投入足够的精力，越到后面越是难以为继，要不就是断断续续地修修补补，甚至因为拖延或搁置的时间太长而失败，留下终身遗憾。

全副心思情感都投入到一件事情之中，所有的感情都向着一个方面奔流而去，整个人的所有思绪及精力都指向一个伟大目标，这样的人生才终归完整，与自身完全和谐统一。

——蒂乐生

在对抗拖延时，耐性确实能起到重要作用。有耐性的人无论遇到什么困难，都会执着地继续往前走。即便是因为客观原因把速度放慢了一点儿，把节奏放缓了一点儿，也并不能让他停下前进的脚步。不夸张地说，耐性可以让任何事情迎刃而解。

耐性可以助力困难问题的解决

拖延除了是因外界干扰引起注意力分散以外，还有一个很重要的因素，那就是在工作过程中遇到的形形色色的问题。处理它们不仅需要投入更多的精力，还要有一定的毅力和定力，才不至于因为困难的阻挡而停下前进的脚步。同时，耐性也是激发自身彻悟的基本前提，任何人的灵感都不是那么容易获取的，都需要坚持下去的恒心来激发。

著名教授毕飞宇说："如果你愿意花力气看清楚、看明白《包法利夫人》，五年之后，你写的小说起码能比我好。"法国小说家福楼拜被很多评论家认为是完美的典型，他一生的创作求精不求量，主要作品只有四部，但每部都花了许多年时间精雕细琢，平均投入的精力远远大于其他作者。有一次，一个朋友来看他，问他昨天写了多少，他说："只写了一个逗号。"第二天朋友又来了，问他前一天写了多少，他说："我把那个逗号删除了。"

福楼拜的耐性可见一斑，这也是他得以声名鹊起的主要因素之一。既然耐性可以激发我们内心深处的能量，就需要我们留心它的存在。即便怀着耐性工作看起来好像会有点儿影响速度，但从数量和质量的综合效率上来看还，是远远高于拖延的效果。虽然它只是一个抽象的概念，虽然它有一部分先天因素，但坚持后天对耐性的培养同样能对自身品格的改善起到非常大的作用。

磨炼自我耐性，升华自身品性

关于耐心的培养这个问题，只要动动指头稍一搜索，就能找到大篇大篇的练习方法或策略。而其实，耐心是一种内心的风格属性，无法靠理智的逻辑性训练来获得和提升。它其实就是一种自省，尤其是在经历了因为拖延而导致的失败以后，会自然而然地在心中形成认识。这里除了受个人领悟能力的影响以外，还取决于自身是否有着真正想要改变自己的意识，取决于自己是否有积极升华内在的动力。

一个在商海里打拼多年的人经历了生意的起起伏伏后，背着空空的行囊回到故里。他郁闷至极，感慨为什么努力了这么多年还是两手空空。于是他来到山里的一个寺庙，向一位大师问询奥义，大师说："你先把院子打扫干净，我再告诉你道理。"这个人二话不说就开始扫了起来，可是他一边扫着，树上的叶子一边落下，肯本无法彻底打扫干净。

于是他告诉大师无法打扫干净院子，大师说："你终于看到事情的真相了，你心中的浮躁就像这无尽的落叶，它们一直落在你的心灵上，就算你不停地扫也还是扫不干净。只有磨炼你的耐性，从根源上把这些落叶'去掉'。心灵敞亮了以后，自然就可以心平气和地对待任何事情了。"

浮躁确实是耐性的大敌，想要获得耐性这个摸不着、看不见的东西，首先就需要内心澄明，排除一切虚浮的杂念，淡定、从容地面对世界和生活。人世间的利益得失确实很容易让人分不清方向，导致在做事的时候急功近利。一旦遇到挫折便心急如焚，或是草率了事，或是踟蹰不前，甚至干脆放弃，这些都不是成功人士的所作所为。

总而言之，做事需要多些耐性，切忌虎头蛇尾。让耐性帮助我们更好地推进工作，帮助我们更从容地解决棘手的问题，使成功之路更为快捷和坦荡。在培养自身耐性的时候，无须太多形式化的准备与计划，那些虽能起到些许作用，却很难从根本上洗刷心灵的灰尘。最终还是要靠自身的觉悟与自律，让心灵在自我觉醒中得到升华。

坦然面对挫折，坚定继续前行

“我觉得坦途在前，人又何必因为一点儿小障碍而不走路呢？”鲁迅这位伟大的革命者具有一种百折不挠的乐观精神，他相信成功就在前方，别人认为崎岖的道路在他眼里却是康庄大道。他的这种积极的处世态度能够带给我们很多启示，有时候不是人爱拖延，而是遇到了挫折以后踟蹰不前，是一种不自信的表现。

挫折是人们在从事一件事情时遇到的暂时性阻碍，它会对个体的情绪会产生负面影响，带来一些精神上的伤害。人们常常在怀着壮志雄心向着理想迈进时遇上意想不到的失败，面对迷茫未知的前路时，便会有些沮丧和颓废，对能否成功产生怀疑。这种消极心态很容易让事情处于搁置状态没有进展，甚至无限期地拖延下去。

挫折不是魔鬼，勇敢跨过障碍

人生从没有永远的一帆风顺，坎坷曲折才是常态。因此，随时准备着迎接风霜雨雪的考验才是客观的人生态度。人只有在经受了足够的磨砺之后，才能得到真正的成长。如果人在经历大风大浪之后还能迎着风雨前进，就说明他已经变得更有力量了。也只有跨越了挫折的障碍，人才能继续向着目标迈进，否则只会半途而废。

小雪在高考前一直是个爱学习的好孩子，她给自己设定了宏远的人生目标。可没有料想到的是，高考成了她人生的滑铁卢——她在考场上因发挥失常，结果连本科线都没有上。这种巨大的落差让小雪感到人生没有了希望，甚至有了轻生的念头。老师和家长都积极地给她做心理辅导，告诉她人生的选择还有很多，还可以继续向着自己的梦想前进。后来，虽然小雪的情绪慢慢稳定下来了，并选择了复读，但她再也没有以前那种奋发拼搏的劲头了，从一颗闪亮的明星变成了现在的泯然众人。

无论对谁来说，经历挫折都会对心理产生伤害和波动。但没有经历挫折也不一定就是好事，没有经历失败的人容易变得自负、自傲、软弱。这样一旦遭遇失败，则会遭受更沉重的打击，甚至一生都一蹶不振。我们需要认清的一点就是，挫折并不是魔鬼，它是我们人生路上必经的考验和磨砺，也是我们成长的试金石。只有不断地经历挫折，不断地披荆斩棘，我们才会离成功越来越近。

正确面对挫折，昂扬继续前行

很多人被挫折击垮，都是因为过分放大了挫折的严重程度。这或多或少来自他们的理想主义思维，即对未来的期许和展望过高以及对困难的预估不足。

曾国藩被称为“千古一完人”，但他所依靠的并不是先天禀赋。他从小也算屡经挫折，走的是一条艰苦奋斗之路。他小时候脑子笨，这是远近闻名的。下了学在家中背诵课文的时候，就算反反复复读好多遍也记不清楚，而在他们家蹲守着想实施盗窃的盗贼听久了都会背了。看着曾国藩愚笨的样子，小偷等烦了，便跳出来把文章流利地背诵了一遍，还笑话他干脆不要读书了。

如果是一般人，可能就会因为经受不住这般辱没而放弃了。可曾国藩依旧坚持按照自己立下的志向努力前行，并积极地把挫折的伤害转化为动力。勤能补拙在他身上得到了完美体现，之后他参加科举考试，考了六次都失败了。但他从没想过放弃，最终考上了秀才。

曾国藩的事例是激励我们勇于面对挫折的典型，他后来战胜了各种身心上的负面想法。我们可以看到，只要积极面对人生的挫折，把它视为人生的阶梯跨过去，就可以成就不一样的自己。

主动预设困难，塑造逆境心理

主动预设困难，简单地说就是通过想象未来可能遇到的各种问题，模拟挫折环境，让心理预先适应，并积极思考应对方案。这样在真正遇到那种困难时，便可以从容应对了。

美国伟大的游泳运动员菲尔普斯就使用过预设逆境的方法进行训练。他的教练为了锻炼他的心理承受能力，让他能够应对真正赛事中的各种突发状况，经常在训练中给他制造麻烦。比如，站在泳池边上向菲尔普斯投掷一些小物品，有时候他会给菲尔普斯一副坏的游泳镜，让他在训练中体会眼睛突然进水的情况。

这些看似奇怪的训练方法充分磨炼了菲尔普斯的抗压能力和应对能力，而在真正的比赛中，这种挫折预演的训练方法也确实起到了作用。在一次洲际游泳大赛中，菲尔普斯的游泳眼镜真的进水了，而他因为接受过这样的训练，所以并没有受到影响，不仅完成了比赛，还打破了纪录。

很多人不愿意相信自己的前路充满了坎坷，他们总是一厢情愿地认为只要计划周密，就可以一路绿灯，畅通无阻。但正是因为这种心理，才导致他们在突然而至的挫折面前手足无措。实际上，挫折带来的打击有很大一部分在于对失败毫无准备，那种突如其来的意外感会加深自身的沮丧情绪，甚至可能导致一蹶不振。总之，在面对生活或工作中的不如意时，我们不妨学着放低身段，跳出现实审视自己，坦然面对挫折，坚定前行。

与其抱怨，不如用行动去改变

“提升自己的要诀是切勿停留在原地不动，而欲达到此目的，首先要有不满现状的心理。但是仅仅不满足是不够的，你必须决定下一步往何处去。千万不要做个只会成天抱怨的懒人。”西方哲学家麦尔顿在这句话里一针见血地指出了人如果要想不停地前进，就要首先停止对周围人和事的不满与抱怨，否则只会寸步难行。

抱怨是人在主观产生了对相关的人与事的不满后，所形成的和表达出来的负面情绪。我们从事某项工作时，难免会遇到不能完全顺心的事情。这时，意志力不坚定的人就容易产生怨气，并在怨气积攒到一定程度时爆发出来。抱怨这种情绪对人的身心健康都有损害，还会耽误事情的进展，甚至导致事情停顿或撤销。

抱怨会严重影响你的行动力

人一旦习惯于对周围的人和事充满怨恨，即俗话讲的怨天尤人，就会认为自己遭受了不公的待遇。一旦如此，这个人就很危险了，因为这会让他心有不甘，从而更不愿意对任何事有所作为和付出。这种消极心理的直接影响就是让人缺乏行动力，无论做什么事都充满疑虑，不愿全身心地投入。

小黄刚刚毕业，来到一家公司上班。起初的时候，他还能够任劳任怨地完成上级交代的各种工作，可时间久了，他开始觉察到了一些不公平的地方。他觉得自己为公司不计代价地付出了很多，却得不到应有的回馈，而公司里的其他人对他似乎也有利用和占便宜的地方。于是，他渐渐在心中生出了不满的种子，最开始是暗自不忿，到后来就会直接表达出来，这让公司的氛围受到了影响。而且，他对待工作也没有以前的热情了，工作效率急转直下。有一次，他无故和同事生起事端，于是早已对他忍无可忍的领导就借着这件事将他开除了。

从上述事例中可以看出，抱怨和工作效率是成反比的，不满和愤恨越多，工作效率就越低。因为抱怨不仅会影响自身的心情和情绪，还会让人对工作产生抵触情绪，人在不开心的状态下做着自己抵触的事情，效率当然不可能高。

放低姿态可以有效减少负面情绪

不满和抱怨是人的一种普遍的心理情绪，它源于人常常放大自我、缩小他人的一种本性。总是自然而然地把自身利益放在第一位，而忽略他人的感受和利益。一旦自己受了点儿委屈，便全然不顾客观事实的前因后果乱发牢骚。这种高姿态最容易让自己产生不满，所以我们不妨放低姿态，把自己看轻一些，就可以自然而然地减少很多情绪了。

如果你愿意抱怨，你会发现周围可以抱怨的事很多，烦人的交通、八卦的同事、刻薄的上司、难缠的客户、飙升的房价……可是，你要是不抱怨，也会发现乐事也不少。其实，抱怨是在提醒你做出改变与行动。抱怨并不可怕，只是，生活中我们更习惯抱怨，却不习惯改变。那么改变，就从戴上这个紫手环开始吧。

——戴军

将自身姿态放低是一种精神超脱的行为，它事实上是跳出了人们普遍趋利避害的原始本性的，让灵魂上升到一个较高的层次。如果你能够这样做，那么即使不一定非常纯粹和彻底，至少在态度上也表达了想要提升自我的愿望。这不仅能够让你在感受上更为轻松和愉快，还能让你更加愿意义无反顾地投入到工作当中。

停止抱怨，放松自我继续前行

想要摆脱拖延的消极行为，最直接的行动就是立即停止当下的抱怨，全身心地投入到你最应该做的事情中去。你的满腹抱怨只会打击你的积极性，降低工作效率，到头来伤人伤己。而那些没有完成的事情，拖到最后还得你一个人慢慢做，何苦为之呢？所以，最好的办法就是放下一切负面想法，大步往前迈进，其他的就让它随风飘散吧！

一个寒冬的夜晚，一个业务团队正坐车赶回自己的城市。车里的几个人都在熟睡中，突然，车身剧烈地摇晃起来，把几个人都吵醒了。司机把车靠边停在了高速围栏旁，告诉大家爆胎了。几个人下车一看，原来有两个轮胎上扎了钉子。而备胎只有一个，于是他们只好打电话找救援车来。这时，一个小伙儿立马抱怨起来，说："谁那么缺德，把钉子留在路面上，害大家都等着！"旁边一个大姐笑着说："幸亏司机师傅的车技好，不然这么快的速度有可能翻车。大难不死，必有后福啊！"

同样一件事，在不同的人眼里就有不同的看法和观点。消极的人传递负能量，让别人心生烦闷；乐观积极的人则能让人心中一亮，能跟着他们的节奏一起变得心情舒畅。

停止抱怨是推进事情发展的第一步，只有不再抱怨了，我们才有心情和动力把整个身心投入到工作中。要做到这一点，就要求我们做到放低自己的姿态。把自身看轻了以后，就会自然地减少不满和愤懑了。人只有在云淡风轻的情绪氛围里才能充分发挥能力，从而提高工作效率，才能够一往无前地推进自己所从事的事情。

这个要求无非就是要我们接受每个人所处的现实，认识到存在的就是合理的，想要改变自己的现状，就只能靠自身的不懈努力。不满和抱怨是不会起任何积极作用的。所以，与其对什么事都怨声载道、挑毛拣刺，不如先尽人事，把自己经营好了，自然会有蝴蝶飞来。

REFUSE TO DELAY

第八章

终结拖延症，学会给时间“排队”

时间管理是克服拖延症的关键武器，它可以给个体提供积极的时间观念，树立对待时间的正确态度。时间管理强调对时间运用的整体规划，科学合理地安排各类事项的顺序与节奏。它要求主体在对待不同难度的工作时要能够分清主次，把自己最高效的时间段运用到最为困难和棘手的事情上去。

拖延行为可用时间管理来纠正

“人们常觉得准备的阶段是在浪费时间，只有当机会真正来临，而自己没有能力把握时，才能觉悟自己平时没有准备才是浪费了时间。”罗曼·罗兰在这里精确地把握和解析了“磨刀不误砍柴工”的道理。准备工作看似浪费了时间，实际上它可以厚积薄发地在后期节省大量时间，是一本万利的划算投资。

对容易犯拖延毛病的人来说，最需要做的准备工作无外乎就是时间管理计划。时间管理是指运用一些技巧、手段或策略来帮助人完成某个目标和事情的系统性方法。它主要是为了帮助人们更有效地利用有限的时间，让单位时间充分发挥它的作用。时间管理对拖延行为的改善尤为有效，它能有效地辅助拖延人群从被动消极的行为模式中走出来，成为高效做事的达人。

做好时间规划表，按部就班地进行

做时间规划表不是盲目列出一些事项，然后标上时间，这其实很难起到作用，到某个该做事的节点了你还是会无精打采、无动于衷。精心制订的时间表根本得不到执行是拖延人群的常态，出现这种问题只能说明你的时间表不够合理。要严格按自己当下的目标来确定表格的内容，如果无法把握大目标，那么不妨先从小事做起，比如先设定一个月的短期目标。

曾有记者问美国伟大的科学家富兰克林：“你怎么能做那么多事

呢？”富兰克林笑了笑，说：“你看看我的时间表就知道了。”

5：00 起床，规划一天的事务，并自问：“我这一天要做些什么事？”

8：00—11：00，13：00—17：00 工作。

12：00—13：00 阅读，吃午饭。

18：00—21：00 用晚饭，谈话，娱乐，检查一天的工作，并自问：“我今天做了什么事？”

无独有偶，德国哲学家、天文学家康德也对媒体公开过一份时间表。

4：45 仆人叫醒康德，并嘱咐：无论他怎么赖床，都必须想方设法地把他拖起来。

5：00—7：00 喝两杯茶，抽一斗烟，备课。

7：00—9：00 上课。

9：00—12：45 写作。

12：45 下楼待客。

13：00—16：00 与那些自己点名邀请的友人共进午餐，交流思想。

16：00—17：00 散步，思考问题。

17：00—22：00 看书，做笔记。

22：00—4：45 睡觉。

——曹卫华《天津日报》

其他人的时间表仅可作为参考之用，你身边的达人、学霸或未曾谋面的世界名人们的时间表虽然看起来吸引人，但都不是你必须效仿的例子。因为时间表必须合理才能发挥作用，而它是否合理，和个人的实际情况紧密相关。而且，人的习惯和作息需要慢慢改进，这是一个循序渐进的过程。如果盲目效仿他人的高效率时间表，就很可能因为难度太大而中途放弃。比如，在锻炼方面，有的人一天可以跑两千米，但是对刚刚接触跑步的人来说，要做到这一点显然是很困难的。因此可以从每天 1000 米，甚至 500 米开始，然后逐渐增加难度。

使用时间时要更专注一些

时间管理的精髓在于效率，计划表只是帮助个体重视时间、提升个体珍惜时间意识的工具。用好时间的关键在于个体能否在一段时间里最大限度地发挥单位时间的效力，这就需要个体在有限的时间里更为专注地对待应该做的事情。无论这件事是你喜欢的还是不喜欢的，但是既然决定去做，就一定有做的理由。所以与其被动应付，不如专注地做好。

刘纯是一个很难管控自己注意力的女生。她平时活泼开朗、爱说爱笑，可就是很难让自己持续地专注于一件事情，甚至娱乐的时候也是如此。她在公司里负责文案创作，但每次写文案时，不到两分钟她就必定要看看手机、聊两句天；她跟别人说话的时候，也会不自觉地就和另外的人攀谈上了。为此她走访了心理医生，看了很多心灵鸡汤，但都没有用。

最后，她尝试使用循序渐进管理法。她先从五分钟开始，给自己设好闹钟，在 5 分钟的时间里专注地做一件事，而不去想其他事情。等到她可以做到在五分钟里专注地做一件事情了之后，就开始逐渐增加时间，从 10 分钟到 20 分钟、从一个小时到两个小时……就这样，通过艰苦而长期的努力，现在的刘纯已经可以半天都不分心地专注于一件事了，她的工作效率因此有了很大的提升，不久后就升了职。

低头族已经成了无法忽视的一个社会问题，手机世界里琳琅满目、丰富多彩的内容无时无刻不吸引着人们的注意力。手机的发明和更新换代原本是为了让人们的学习、工作和生活更加方便和快捷，如今却成了拖延人们前进脚步的“绊脚石”，这是一个颇有讽刺感的事实。无论如何，我们必须强迫自己从这些琐碎的吸引中走出来，否则就很难具备和提高注意力，很难做成什么事。

合理利用，时间管理“二八原则”

“二八定律”也叫帕累托法则，或称关键少数法则、不平衡原则等，它被广泛应用于社会学和管理学等领域。帕累托认为，任何一组物体，最重要的部分只占其 20%，其余部分虽在数量上是多数，却处于次要地位。把这个理论拓展到时间管理领域，人在高效利用时间的时候，只需要 20% 的努力就能得到 80% 的回报。反之，则是 80% 的努力仅能换来 20% 的回报，差异立现。

因此，我们应该把每天精神最好、头脑最清晰的时候用于最困难或最令自己感到棘手的事情上。具体的时间段则是因人而异的，因为每个人的生物钟、作息时间和感性喜好等都各不相同。有人觉得晚上万籁俱静是产生灵感的最佳时间，有的人则觉得清晨是一日之计的大好时光，有满满的精神去做最困难的事情。

时间管理有各种五花八门的方式和手段，但最基本的无外乎是制订科学合理的计划表。然后根据计划表严格而专注地履行其中的内容，并合理参考时间管理的“二八原则”，让自己在最有效率的时候优先做最困难的事情。做到以上几点以后，再辅以自身的自律管控，就一定可以纠正拖延的毛病，让自己的时间运用得更为有效了。

定出具体目标，不再重复昨天

“要有生活目标，一辈子的目标，一段时期的目标，一个阶段的目标，一年的目标，一个月的目标，一个星期的目标，一天的目标，一个小时的目标，一分钟的目标。”俄国文豪托尔斯泰非常重视目标的设定，他给自己的生活定下了一个个的成就阶段，体现了一种对生活和生命特别热爱的情怀。

目标指的是个体希望达到的一种境地或标准，是一种对未来结果的设想，并在头脑中形成的主观意象。有目标的人往往对生活充满了热情和期待，他们的脑海中有对未来的较为清晰的构想和愿景。期望自身的生活品质得到提升，或兴趣爱好得到满足。有目标的人不仅倾向于更珍惜眼前的时间，而且更不容易产生拖延行为，因为他们有一种内在动力推动着他们不断地向着目标坚定前行。

给自己定目标，从个人实际出发

人总要给自己定一些目标，它既可以激励我们不断向着一个具体的方向前行，又能够让我们在前进的过程中始终不迷失方向。给自己设定目标，要先从个人的实际情况入手，而且要定得小一些。比如，有的人英语基础不好，就不要给自己设定“一年考托福”这样过高的目标。因为不切实际的目标一般很难达成，失败后会更加打击自己的信心。

小梦有拖延的习惯，所以虽然顺利从大学毕业了，但她的专业知识不太扎实。大学毕业后，小梦来到一家公司上班。经过一年的工作，她发现专业知识不扎实的问题确实影响着自己未来的发展，而且社会对学历的要求也随着竞争的激烈水涨船高。于是她下定决心要考研，继续回学校补充知识和镀金。在给自己设定目标时，小梦不甘心仍然回到之前的普通院校，而是希望考取“985 大学”，让自己有一个更好的起点。

在定下了考取“985 大学”这个宏远的目标后，小梦便马不停蹄地照着计划实施起来。但她白天要工作，晚上和周末才能学习，难度之大可想而知。她的家人和朋友都为她捏了一把汗，但是他们知道她自尊心强，不好打击她的积极性，只好默默地为她祝福，还经常关心她。可是，小梦最终还是失败了，初试离学校的基础线差了不是一点儿半点儿。她的失败源自步子迈得太大，目标定得过高。

从上述例子可以看出，目标的设定确实不宜超出个人的实际情况。虽然目标定得高，能表现出一种积极向上、争取进步的高尚精神，但最终还是要从实际出发，从自己力所能及的高度出发。在设定目标时，我们要考虑的实际情况包括经济情况、知识储备情况等。只有基于这些实际设定目标，才不至于像小梦那样败给现实。世界毕竟是物质的，精神虽然可以反作用于物质，但终究无法超越它，还是要受到它的制约的。

给自己定目标，并逐步改善它

目标是死的，人是活的，所以目标不是一旦定下就不可改变的。在向着目标前行的过程中，我们可以根据实际情况的变化随时调整目标。比如，当我们发现目标有些遥不可及时，就可以适当降低要求，将其调整得容易一些；当我们发现目标略显容易时，则可以适当提高要求，将目标调整得高一些。命运把握在自己手中，适时灵活地调整自己的路线和策略，可以让自己在成功的途中走得更快。

弟子们和禅师一起在田里插秧，弟子插的秧总是歪歪扭扭，禅师却插得整整齐齐，犹如用尺子量过一样。弟子们疑惑地问禅师：“师父，你是怎么把禾苗插得那么直的？”禅师笑着说：“这其实很简单，你们插秧的时候，眼睛要盯着一个东西，这样就能插直了。”于是弟子们卷起裤管，喜滋滋地插完一排秧苗，可是这次插的秧苗竟成了一道弯曲的弧形。禅师问弟子：“你们是否盯住了一样东西？”“是呀，我盯住了那边吃草的水牛，那可是一个大目标啊！”弟子们答道。禅师笑着说：“水牛边吃草边走，你插秧时也跟着水牛移动，怎么能插直呢？”弟子们恍然大悟，这次，他们选定了远处的一棵大树，果然插的秧都很直。

——佚名《关于目标》

这则故事充分说明了调整目标时我们可能会遇到的一个问题：偏离初衷。设定目标不是一件随意的事，而是基于现实情况，经过深入考量后才做出的决定。也就是说，尽管可能在执行过程中发现它有一些小问题，但这并不代表目标本身是错误的。因此，我们在调整目标时，一定不能像故事中的弟子们刚开始那样，偏离了最初定下的大方向。否则我们就会离目标越来越远，甚至可能与目标背道而驰。

给自己定目标，不断改变自己

社会在经历巨变，很多人却把耳朵捂起来，不愿根据外在的变化而改变自己。从这个角度来说，给自己设定目标，实际上也是主动改变自我的一个积极信号。一个人愿意给自己设定目标，就说明他并不满意当下的自己，而是希望进一步提升和完善自我。这是一种充满正能量的意识，体现了个体对自身的清醒认识和从客观规律出发，砥砺前行的决心。

其实，我们身边的每个人对自己的当前状态都是不满意的。但大部分人仅仅在抱怨，把自己的不好归结于他人、归结于社会，却很少从自身的角度出发分析原因。我们要明白，人的成功必须依靠自己的努力，要通过实现一个个小目标，最终达成人生的期望和理想。

另外，设定目标时要特别注意其可行性，并在实施过程中不断反思和改善，在动态的过程中不断修正对自我的认识和对未来的判断。目标并不是刻板和僵化的数字或结果，它在一定程度上体现了一个人勇于奋进的精神，只要愿意朝着目标前进，你就已经赢了。

定位高效时刻，合理安排时间

“世界上只有两种物质：高效率和低效率；世界上只有两种人：高效率的人和低效率的人。”萧伯纳非常注重工作和学习效率，他认为高效率可以给人生带来不可估量的益处，甚至可以变相延长人的生命，从量变升华为质变，从本质上改变人的生命体验。

高效率是指用最有效的方式使用社会资源以满足人类的愿望和需要。时间也是一种社会资源，是和我们生命最为息息相关的资源。时间不仅要充分地利用，更要高效地利用。在状态不好的时候，与其形式化地重视时间，把自己累得心力交瘁而实际无甚收获，还不如在自己精力充沛时重点突击，让效率最大化。

重视高效工作，科学管理时间

除了抓紧时间以外，对时间进行管理的一个重要环节就是效率管理，其中比较著名的理论是二八原则。我们在前面也说过，二八原则就是说人在高效利用时间的时候，只用占个体百分之二十的时间和精力，就可以解决占工作或学习百分之八十的任务。反之，则可能需要使用百分之八十的精力去完成仅占百分之二十的内容。

董京在大学期间没有好好利用时间，等到毕业季便犯了愁。脑子里空空如也，对论文也没有丝毫头绪，只能干着急。一次偶然，他在网络媒体上看到哈佛大学的学生喜欢在凌晨的时候在图书馆学习，因为那个时候人的脑子最清醒，容易寻找灵感。于是，董京像得到了灵丹妙药一样，白天睡觉，晚上三点多爬起来去教室。那时的学校漆黑一片，空无一人。他小心翼翼地摸到教室，开了灯准备写论文，可总觉得周围冷飕飕、阴森森的。大脑也并没有像预期的那样清晰，而是昏昏沉沉的。结果可想而知，他待到天明也没写出一个字来。

每个人的高效时间是不同的，它取决于个人习惯、作息、生物钟以及外界环境和氛围等。董京生搬硬套哈佛学子的学习时间，却没想过这个时间段是否适合自己。中国人的作息比较规律，早睡早起也符合人的健康要求，即使很多学者喜欢在夜里寻找灵感，但那也是长时间养成的习惯。因此正常来说，我们最高效的时间一般在清晨。

合理分配时间，突击困难工作

困难的工作一般都是我们所从事的工作的核心部分，正因为它在整个系统中处于关键位置，所以能反过来证明其难度。做困难的核心工作，首先要对完成该任务的时间进行合理分配，在顺序上要放在第一位去做。因为先做困难的工作可以让个体的心理直接进入压力较大的状态中，有利于对棘手问题的突击解决。之后再处理较容易的工作就可以较为轻松，有助于事情整体的发展和推进。

在时间段上，一定要把困难的工作安排在对个体来说最有效率的时间里，因为它需要个体用最充沛的精力和最集中的注意力去从事和解决。因此在拿到一件工作时，不妨先厘清它的整体结构，找出核心问题，再安排第二天精力充沛的时间集中火力将其攻克，一举成功，余下的简单事务就可以顺理成章、按部就班地完成了。

合理安排时间，分清轻重缓急

现代社会是一个纷繁复杂的统一体，事件和事件之间总是错综复杂地联系和交织在一起，就像有千万个结的线团一样让人很难缕清。尤其是在职场上，在遇到各类紧急问题叠加出现的状况时，就更需要用冷静的头脑分清事态的轻重缓急。对要做的各个事项的先后顺序进行合理排序，然后一步步从容不迫地分别将它们解决。

阿里的创始人马云在退隐江湖的那天，把公司的权杖交到了公司现任 CEO 张勇的手里。马云之所以这样信任张勇，是因为张勇是一个经受得住考验的人。他在面对公司危机时临危不乱，有条不紊地进行组织和安排，证明了自己是一位意志坚定的职场人。

事情要追溯到 2011 年，因为商务平台欺诈案，导致公司受到客户投诉，前总经理引咎辞职。在这个关键时刻，张勇临危受命，他经过缜密地统筹和安排，带领团队成功渡过了难关。张勇回忆说："那是艰难的一周！为了企业长久健康，你最后必须要做决定。很多东西很难十全十美的，只能是你怎样尽力去把它做得更周全。如果一直在困扰纠结当中，或者压力当中，你就很难做出正确的决定，你的内心必须足够坚强。”

面对纷乱的局势时，除了要有冷静的头脑和从容的心态，还要善于根据实际情况分清事态的轻重缓急，合理分配时间到各个子任务上去，让看似凌乱的局势从内部一个个地被解决和击破。其中在解决困难问题时，一定要安排个体在其最为高效的时候去处理和面对，并一定要在项目的最初就进入困难模式。按照从难及易的顺序，趁着士气高昂的时候把“硬骨头”啃了，就基本上成功了一半。

总而言之，我们为了从事某件事情而进行时间管理时，要以利用高效时间为主，首先突击解决较为棘手的工作和问题，并分清事态的轻重缓急来依次解决。这不仅可以有效克服拖延的毛病，还可以极大地提升工作的效率和质量。

利用碎片时间，成就不凡人生

在这个快节奏的多元化社会里，每个人都匆忙地奔走于家和单位之间，各种杂乱的事情让我们疲于奔命、应接不暇。我们往往很难找到完整的时间来持续从事某一件事情，但是在每日诸多事项的间隔之中，还是有很多碎片时间的，只要我们能好好地利用它们，也是一笔不小的财富。

碎片时间是指个体在生活中各个事项之间的空余或空隙时间，这样的零碎时间无法进行任何常规性工作，因此可以通过合理安排来做自己比较喜欢的事情。乍一看，碎片时间都很短，似乎什么事情都做不了，还不如用来刷刷微博、看看短视频，让自己放松一下。但是你想过吗？如果把这些碎片时间累积到一起，其实也是一笔很可观的时间财富，如果不充分、高效地利用好，就未免有些可惜了。

积极利用碎片时间，告别拖延

除了个体主观意识导致的拖延问题以外，很多拖延问题也和客观的时间因素密切相关。即便个体有很强的主观推进意识，但没有足够的时间也是枉然。而积极地对碎片时间进行利用，可以有效克服拖延现象。它可以让生活中琐碎细小的时间段各尽其用、各显其能。事实上，除了上班和上课的正常时间以外，剩下的自由时间都可以算是碎片时间。

碎片时间具体包括乘坐和等待各类公共车辆的时间、等待吃饭的时间、早上起来以及睡觉之前的那些时间等。人的生命总额就是由很多碎片时间和大块儿工作、学习和生活时间组成的。想要为自己的人生打造康庄大道，就要多渠道、多元化地积极提升自己的全面素质。利用碎片式学习开阔眼界，成为终身学习的个体。

碎片时间拉开群众人生差距

人的生命之旅如白驹过隙般短暂、匆忙，虽然过程五彩缤纷、丰富多彩，但无奈时间有限。相对短暂的生命无法让我们完全体验这世界的所有美好与快乐，但我们不能因此就放弃对更多幸福的追求和向往。虽然生命整体的时间我们无法延长，但我们可以通过合理利用一块块儿碎片时间来变相丰富自己的生命体验。

小刘毕业后来到一家互联网公司工作。因为家和公司的距离比较远，坐地铁来回要两个小时，小刘便利用乘坐地铁的时间看手机学习前沿的互联网相关知识。互联网公司的工作节奏是很快的，因为行业竞争压力大，很多时候都要加班。每天拖着疲惫的身体下班后，小刘也不忘利用地铁上的闲暇时间学习新知识。地铁上那些昏昏欲睡的人们并不会打消小刘的学习劲头，他有着强大的意志力，外界的影响很少能打乱他的内心决意。就这样，两年过去以后，小刘已经和身边的大部分人拉开了差距。虽然公司的其他同事工作也非常认真细致，但在整体水平上已远远不及小刘了。不久小刘便当上了主管，前途一片光明。

碎片时间虽然零碎且相对较短，但累积久了的时间总额也可以是惊人的。能否合理而有效地利用这些积少成多的时间，在一定程度上可以决定人和人在将来某个阶段的差异。也就是说，一个人在未来可以成就什么样的高度，往往就取决于他是否能够高效利用碎片时间。爱因斯坦也如是说：“人的差异在于业余时间，业余时间生产着人才，也生产着懒汉、酒鬼、牌迷、赌徒。由此不仅使工作业绩有别，也区分出高低优劣的人生境界。”

碎片时间也能成就非凡人生

人在碎片时间里做什么，不单单是表面上的为了追求什么样的结果，还从侧面反映了这个人的内心观念与价值取向。有的人在碎片时间里追剧、看电影、玩儿手机、看电影、玩儿游戏……有的人则通过合理利用碎片时间默默地快速提升和超越着。在这些转瞬即逝的碎片时间里，有的人积极锻炼身体，成为健身达人，有的人则专心看书，成了某个领域的专家。

写出了《三体》和《流浪地球》的我国著名科幻小说家刘慈欣本

不是学语言文学的，他其实是工科出身，毕业后分配到电厂工作。面对着安逸的工作环境和丰厚的待遇收入，刘慈欣并没有理所当然地接受按部就班的单调生活。他选择在自己的碎片时间里积极进行写作实践，把别人用来娱乐和享受的时间用来提升自己的文学素养。随着时间的推移，他终于在科幻文学界取得了突出成就，还获得了国际社会的认可，获得了多项世界科幻文学大奖。

确实，很多人取得成功并不是因为他们有多高的禀赋或天分，只有因为他们比一般人多付出了时间和精力而已。就像鲁迅说的那样："我不是什么天才，我只不过是把别人喝咖啡的时间用来学习罢了。"如果人仅仅守着自己的一分三亩地过安乐日子，不去挖掘碎片时间的巨大潜力，那他只能在原地踏步的过程中被时代抛弃，被他人超越。

总之，合理利用碎片时间，不仅可以有效克服拖延的习惯，还能极大地提升自己的能力和知识储备，让自己在激烈的社会竞争中立于不败之地。即使一开始默默无闻，终究也能走上成就梦想的人生之路。而那些将工作、学习之苦挂在嘴边，不愿意努力奋斗，不去抓住时间的"小尾巴"的人，就只能眼巴巴地看着辛勤学习的人赶超自己。这样的人，即使他之前的层次和起点很高，也会在不断变化的社会竞争中被逐渐淘汰。终身学习不是一个干瘪的口号，它是我们现代社会真真实实的需要。不光是为了生存和竞争，还为了让自己的人生之路走得更有价值、更为无悔！

善用高科技手段，节约更多时间

现代社会已经进入了高速发展的数据时代，正处于如火如荼地进行着的第四次科技革命的当口。各类以前想都不敢想的新技术，比如人工智能、绿色能源、机器人技术和量子技术等，都在快速地革新和应用中。人类的生存状况也早已摆脱了传统的模式，更多地使用和依靠这些新型技术来协助工作、学习与生活。

正如大家所看到的那样，整个世界的格局和发展模式越来越因为新技术的层出不穷而发生着日新月异的变化。我们所进行的任何工作、学习与娱乐活动，都或多或少地受到了科技革命大潮的影响。同样地，在对时间的把握和节约上，也可借助高科技工具。善用它们，可以让时间的利用效率更高，让工作和学习的效果更显著。

善用高科技节约时间，提升效率

虽然很多人能够意识到拖延的消极影响以及有效管理时间对克服拖延的重要作用，可无奈每天快节奏的工作和学习让人们不是那么容易找出充足的时间来完成各种事情。这时，我们就只能从身边力所能及的方面去找方法了，其中一个比较有效的手段就是善用高科技工具为自己挤出更多时间，从而完成更多事务。

黄莺是个忙碌的女性，她白天要在公司辛苦工作，晚上下了班还要接孩子，回家后要做饭和做家务，常常忙得晕头转向。有时候想起来这个忘了那个，在考虑接下来要做什么的时候，就已经花去了许多不必要的时间。

有一次，黄莺跟同事诉说自己每天的“奋斗历程”时，同事向她推荐了一个在线日常管理APP。它可以通过采集用户的具体信息和资料以及对全网所有用户的行为追踪，来优化个人的每日具体行程。只要在前期积累了足够多的行程信息，后期就会自动给出当前最佳的行动对象和方案。有了这款软件的帮助，黄莺感觉一下子轻松了好多，整日和整周的准备计划一目了然，再也不用费脑子去记忆和选择了。

当感觉每天工作和学习的时间不够用时，不妨试试借助高科技手段。比如使用远程视频电话与客户即时沟通，用各种APP来提升自己的工作和学习质量等。但是，完全的日常程序化和数据化也有其负面影响，那就是人会仿佛失去了自己的意识和活力而成为机器的奴隶。因此，我们在善用高科技手段时，只有保持头脑清醒，知道自己在做什么、真正想要的是什么，才能充分发挥它们的益处。

善用高科技节约时间，革新理念

能否合理有效地利用高科技节约时间，主要看人的观念是不是能够跟上时代的变化。世界正在急速变化和发展，但这种变化和发展并不总是以自然而然的方式走进每个人的生活。有的人社会交往广泛，就接触得早一些；有的人圈子比较窄，就接触得晚一点儿。但接触的早晚并不是最重要的，最关键在于是不是有主动要求革新自我理念的意识。

人类虽然已经进入了21世纪，各种思潮相互碰撞，摩擦出五彩缤纷的火花，但不是每个人都能够和愿意与时代接轨。很多人更愿意躲在自己的小圈子里，两耳不闻“圈”外事，称其为淡泊。当然，我们并不是说淡泊是错，但是个体在态度上的低调并不妨碍他积极地与社会潮流接轨，去感受和接纳新生事物带给人们的福利和幸福。这就需要人们主动调动积极性，只有让自己动起来，才能和这个充满动态的世界相互融合。

运用科技要小心误入科技陷阱

善于运用高科技手段为自己节省时间的时候，也要注意别掉入高科技的陷阱。商业化时代没有免费的午餐，我们在享受着科技带来的便捷的同时，也多少要受到它们的反作用的影响。或者说，恰恰是那种便捷和唾手可得的快乐，才更让人容易沉迷其中，再好的事情做多了便会过犹不及，如果不加以控制，甚至可能遗恨终生。

小鹿是个积极肯干的姑娘，大学毕业后在一家企业工作，深得公司领导和同事的喜爱和认可。后来在同事的影响下，她热衷上了网络购物，从此便一发不可收拾。每天上班时总是抽空找找有什么新鲜有趣的物品，有用的、没用的统统收入麾下。甚至有时候公司安排的事情也被她一再拖延，不到最后一刻不会去做。一改以前雷厉风行的作风，变得拖拖拉拉、拖泥带水，她的这种改变引起了同事和老板的不满。网购也给小鹿的经济带来了一定影响，虽然个别物品不值多少钱，但累计起来就多了，再加上网络商家为了激发用户的购物积极性，对支付方式也进行快捷化设计，以至于有时候信用卡透支了小鹿也浑然不觉。

可见，高科技的影响有正面的也有负面的，能不能合理地对其进行利用就看自己是否有一双洞察秋毫的眼睛，能否正确地辨析和取舍。基本原则就是积极利用、谨慎选择。积极利用它的有益方面，谨慎规避它的潜在弊端。

在运用高科技节约和管控时间的时候，一定要注意先革新自身的理念。只有在观念上和前沿潮流接轨了，才能真正地认可和接纳它，也才能够更好、更充分地利用它们。但同时也要注意高科技的负面作用，切忌被高科技迷惑而沉迷其中，也别做科技的傀儡。人总是有血有肉的，有自己的主动意识和意志，高科技只是为我们起到管理时间的辅助作用，最终的决定因素还在于人。